W0316066

Klaus-Jürgen Kühne

Alles über DDR-Dampfloks

23 1097
H Unt.
18.09.98

Klaus-Jürgen Kühne

Alles über DDR-Dampfloks

transpress

Einbandgestaltung: Sven Rauert

Titelbild: Die Schnellfahrlok 18 201 blieb als Museumsfahrzeug erhalten. Die Maschine, die heute im ehemaligen Bw Nossen betreut wird, ist die schnellste betriebsfähige Dampflok der Welt.
Foto: M. Klaus

Seite 2: Die DR beschaffte von den Neubauloks der Baureihe 23.10 insgesamt 113 Maschinen. 23 1097 ist als betriebsfähige Museums-Maschine bis heute erhalten, hier in ihrem Heimat-Bw Glauchau am 28. Juli 2002.
Foto: D. Endisch

Bildnachweis:
Die zur Illustration dieses Buches verwendeten Aufnahmen stammen – wenn nichts anderes vermerkt ist – vom Verfasser.

Eine Haftung des Autors oder des Verlages und seiner Beauftragten für Personen-, Sach- und Vermögensschäden ist ausgeschlossen.

ISBN 978-3-613-71367-3

1. Auflage 2010
(Das vorliegende Buch ist eine überarbeitete und erweiterte Neuauflage der im Jahr 2008 unter dem selben Titel erschienen Ausgabe.)

Copyright © by transpress Verlag, Postfach 10 37 43, 70032 Stuttgart.
Ein Unternehmen der Paul Pietsch-Verlage GmbH + Co.

Sie finden uns im Internet unter www.transpress.de

Nachdruck, auch einzelner Teile, ist verboten. Das Urheberrecht und sämtliche weiteren Rechte sind dem Verlag vorbehalten. Übersetzung, Speicherung, Vervielfältigung und Verbreitung einschließlich Übernahme auf elektronische Datenträger wie DVD, CD-ROM, Bildplatte usw. sowie Einspeicherung in elektronische Medien wie Bildschirmtext, Internet usw. ist ohne vorherige schriftliche Genehmigung des Verlages unzulässig und strafbar.

Lektor: Hartmut Lange
Innengestaltung: Lithotronic Media GmbH; Medien und Printptodukte, 74321 Bietigheim
Druck und Bindung: Longo AG, Bozen
Printed in Italy

VORWORT

Vor fast 20 Jahren, am 29. Oktober 1988, beendete die Deutsche Reichsbahn (DR) auf den Regelspurgleisen der DDR das Dampflok-Zeitalter. Eigentlich wollte die DR bereits 1981/82 den Traktionswechsel vollziehen. Doch die Bedingungen der sozialistischen Planwirtschaft mit ihren häufigen Richtungsänderungen sowie den ständig fehlenden Produktionskapazitäten und Materialien verzögerten die Ablösung der Dampfloks immer wieder. Die Planwirtschaft prägte auch die Entwicklung des Triebfahrzeugparks der DR. Nach dem Zweiten Weltkrieg befanden sich die meisten Maschinen in einem desolaten Zustand. Mit einem großzügigen Neubau-Programm wollte die DR ihren Lokbestand verjüngen. Aber anstelle der benötigten 1.100 Neubau-Maschinen konnte die Reichsbahn lediglich 318 regelspurige Neubau-Dampfloks in Dienst stellen. Dazu kamen noch 41 schmalspurige Neubau-Maschinen. Damit konnte der Bedarf aber kaum gedeckt werden. Also beschloss die DR, die wichtigsten Baureihen in ihren Werkstätten zu modernisieren. Dies war die Geburtsstunde des groß angelegten Generalreparatur (GR)- und Rekonstruktionsprogramms, das im November 1957 mit der 50 3501 begann und offiziell im Dezember 1967 mit der 52 8200 endete. Kernstück der Modernisierung war bei den Rekoloks der Einbau eines leistungsfähigen, für die Verfeuerung von Braunkohle ausgelegten Verbrennungskammer-Kessels. Bei den GR-Maschinen wurden meist nur verschlissene Baugruppen ersetzt. Darüber hinaus rüstete die DR einige ihrer Dampfloks mit einer Kohlenstaubfeuerung des Systems Wendler oder einer Ölhauptfeuerung aus. Bei der Modernisierung der vorhandenen Maschinen griff die DR auf die bei den Neubau-Dampfloks gesammelten Erfahrungen zurück. Dadurch konnten Wirtschaftlichkeit, Leistung und Lebensdauer der Fahrzeuge deutlich verbessert werden. Dies ermöglichte letztlich den Einsatz der Baureihen 41, 50.35 und 52.80 bis Ende der 1980er-Jahre. Bei vielen Museumsbahnen im In- und Ausland stellen die Reko-Maschinen bis heute ihre Vorzüge unter Beweis. Typisches Erkennungsmerkmal der Neubau- und Reko-Dampfloks der DR ist der Mischkasten vor dem Schornstein, der den Maschinen ihr unverwechselbares Aussehen gibt.

Das vorliegende Buch beschreibt in kompakter Form die für die DR typischen Dampflok-Entwicklungen von der Kohlenstaubfeuerung des Systems Wendler, über die Neubau-, GR- und Reko-Maschinen bis hin zu den ölgefeuerten Dampfloks und den modernisierten Schmalspur-Maschinen. Nach einer kurzen Einführung werden die einzelnen Baureihen vorgestellt.

Klaus-Jürgen Kühne
Halle (Saale), im Januar 2008

Vorwort zur 2. Auflage

Nachdem der Titel »Alles über DDR-Dampfloks« recht schnell vergriffen war, entschloss sich der transpress-Verlag zu einer erweiterten Neuauflage. Das Buch wurde um ein Kapitel über die erhalten gebliebenen DDR-Dampfloks ergänzt. Die Tabelle enthält zum Stand 31. Oktober 2009 alle noch vorhandenen Neubau-, Umbau- und Rekoloks sowie deren Standort und Erhaltungszustand.

Klaus-Jürgen Kühne
Halle (Saale), im Januar 2010

▲ **Die Schnellzug-Maschinen der Baureihe 01.5 gehörten zu den bekanntesten deutschen Dampfloks. 01 511 war eine der letzten Maschinen ihrer Gattung. Die Lok stand am 4. September 1982 mit einem Personenzug in Magdeburg Hbf.** *Foto: Archiv D. Endisch*

▲ **Auf Initiative von Hans Wendler wurde 1952 die 07 1001 (ex 231 E 18 der SNCF) mit einer Kohlenstaubfeuerung ausgerüstet. Die Lok wurde jedoch kaum eingesetzt und bereits 1957 ausgemustert. 1952 stand die Lok mit einem Personenzug im Bahnhof Erfurt.** *Foto: Slg. R. Kutschke*

INHALT

1. DIE DEUTSCHE REICHSBAHN NACH DEM ZWEITEN WELTKRIEG

Nach dem Ende des Zweiten Weltkrieges glichen die Anlagen der Deutschen Reichsbahn (DR) in der sowjetischen Besatzungszone (SBZ) vielerorts einem Trümmerfeld. Die Eisenbahn als Rückgrat der deutschen Kriegswirtschaft und des Militärs hatte – besonders in den letzten Kriegsjahren – zu den vorrangigen Zielen der alliierten Luftstreitkräfte gehört. Es gab kaum ein Strecke, einen Eisenbahnknoten, ein Bahnbetriebswerk (Bw) oder Reichsbahnausbesserungswerk (Raw), das nicht beschädigt war. Nur mühsam gelang es den Eisenbahnern im Sommer 1945, den Verkehr wieder aufzunehmen.

Die Situation in der SBZ war dabei wesentlich schlechter als in den drei westlichen Besatzungszonen. Die Reichsbahn hatte noch kurz vor Kriegsende zahlreiche moderne Dampfloks in die amerikanische oder englische Besatzungszone verbracht. Der DR in der SBZ waren nur rund 7.500 Maschinen (Stand 31.12.1946) verblieben. Eine große Zahl dieser Maschinen stammte noch aus der Länderbahnzeit. Ein erheblicher Teil des Bestandes, mehr als 1.200 Maschinen, waren so genannte »Fremdloks«. Dabei handelte es sich um Loks aus den ehemals von deutschen Truppen besetzten Ländern. Nur ein Teil des Fahrzeug-

▼ Der DR in der SBZ verblieben nach dem Zweiten Weltkrieg nur wenige Einheitsloks. Dazu gehörte auch 41 298, die Anfang der 1950er-Jahre im Bw Berlin-Gesundbrunnen stand. Die Aufsatzbretter am Tender dienten zur Vergrößerung des Brennstoffvorrats. *Foto: Slg. R. Kutschke*

▲ **Mit Hilfe der Kohlenstaubfeuerung des Systems Wendler (siehe Kapitel 2) versuchte die DR, die seit dem Sommer 1945 ausbleibenden Steinkohlelieferungen zu kompensieren. Bis 1958 wurden 112 Dampfloks mit einer Wendler-Feuerung ausgerüstet. Dazu gehörte auch die Schnellzuglok 03 1087, die 1952 im Bw Ostbahnhof stand.** *Foto: Slg. R. Kutschke*

bestandes war einsatzfähig. Fehlende Ersatzteile und zerstörte Werkstätten machten eine planmäßige Unterhaltung der Loks kaum möglich.

Erheblichen Einfluss auf die Entwicklung des Eisenbahnwesens hatte zudem das Handeln der Sowjetischen Militäradministration in Deutschland (SMAD). Das Hauptaugenmerk legte die SMAD zunächst auf die Erfüllung ihrer immensen Reparationsforderungen. Dies führte zu einer Demontage ganzer Industriebetriebe, die dann nach Osten transportiert wurden. Auch die DR war von Reparationen betroffen. Es wurden u.a. rund 1.000 km Nebenbahnen und fast 6.000 km des zweiten Hauptgleises bei Hauptbahnen abgebaut. Außerdem beschlagnahmten die Sowjets zahllose Lokomotiven (darunter alle Elektroloks), Personen- und Güterwagen. Werkstätten, wie z.B. die Ausbesserungswerke Brandenburg West und Rostock, und sämtliche Anlagen der elektrischen Zugförderung in Mitteldeutschland gehörten ebenfalls zu den Reparationen für die Sowjetunion.

Für den Transport der Reparationsgüter befahl die SMAD am 4. August 1945 die Aufstellung so genannter »Lokkolonnen«. Diese bespannten Züge für die Sowjets zwischen der SBZ und der polnisch-sowjetischen Grenze. Die DR musste für diese Lokkolonnen die benötigten Maschinen und Personale stellen. Ende 1946 waren in den Kolonnen rund 950 Loks im Einsatz, die der DR für den Verkehr fehlten. Zu diesem Zeitpunkt standen der DR – ohne die Kolonnenloks – insgesamt 5.345 Maschinen zur Verfügung. Davon waren aber nur 2.150 Loks einsatzbereit. Für einen reibungslosen Betrieb fehlten der Reichsbahn mehr als 550 Maschinen.

Den Eisenbahnern gelang es daher nur mit Mühe, den Verkehr aufrecht zu erhalten. Eine Entspannung der Lage war kurzfristig nicht zu erwarten, da die DR keine neuen Loks beschaffen konnte. Dies hatte politische und wirtschaftliche Gründe. Nach den Bestimmungen des Potsdamer Abkommens gehörte der Lokomotivbau zu den kriegswichtigen Industrien, die 1945 eingestellt werden mussten. Außerdem hatte die SMAD die Kapazitäten des Schienenfahrzeugbaus in der SBZ durch Demontagen erheblich verringert. Vor diesem Hintergrund blieb der DR nichts anderes übrig, als den vorhandenen Fahrzeugpark schrittweise instandzusetzen. Dies dauerte jedoch. 1947 war lediglich ein Drittel aller Loks einsatzfähig. Außerdem beschlagnahmte die SMAD am 30. Juli 1947 noch einmal rund 350 Maschinen der Baureihen 42, 50 und 52, die zuvor in den Kolonnen Dienst getan hatten. Diese Lücken musste die DR aus ihren Beständen ergänzen.

Gleichwohl konnte die Generaldirektion (GD) 1947 die Situation verbessern. Einen maßgeblichen Beitrag

▲ **Anstelle der benötigten rund 1.100 Neubau-Dampfloks konnte die DR nur 318 Maschinen der Baureihen 23.10, 25, 25.10, 50.40, 65.10 und 83.10 in Dienst stellen. Die fabrikneue 23 1012 wurde 1958 anlässlich des V. Parteitags des SED in Berlin ausgestellt.** *Foto: Slg. R. Kutschke*

dazu leistete die am 5. April 1947 von der GD verfügte so genannte »Gattungsbereinigung«. Auf Initiative des Leiters der Abteilung Maschinenwirtschaft, Erwin Kramer, wurden einige wenige Baureihen in einzelnen Reichsbahndirektionen (Rbd) konzentriert. Die Baureihe 52 war nun schwerpunktmäßig in den Direktionen Berlin und Cottbus im Einsatz. Die Baureihe 50 hingegen war fast ausschließlich in den Direktionen Dresden und Magdeburg stationiert. Auch im Hinblick auf die Ausbesserungswerke erfolgte eine Gattungsbereinigung. Das Raw Stendal war für die Erhaltung der Baureihen 42, 50 und 52 verantwortlich. Das Raw Chemnitz setzte in erster Linie die Baureihen 03, 03.10 und 41 instand. Durch diese Maßnahmen konnte die Lage schrittweise entspannt werden.

Bereits im Herbst 1948 vermeldete die GD erste Erfolge. Von den vorhandenen 7.008 Dampfloks gehörten nun 4.143 zum Betriebspark und 421 Maschinen waren in den Lokkolonnen im Einsatz. Diese positive Entwicklung konnte aber nicht darüber hinweg täuschen, dass der Fahrzeugpark der DR überaltert war und dringend modernisiert werden musste. Dies war vor allem im Hinblick auf die Brennstoffversorgung unumgänglich.

Seit 1945 war die DR weitgehend von ihren traditionellen Kohlelieferanten im Ruhrgebiet, im Saarland und in Oberschlesien abgeschnitten. Die in der SBZ geförderte Steinkohle wurde fast ausschließlich für die Schwerindustrie benötigt. Der DR stand daher seit dem Sommer 1945 nur Braunkohle zur Verfügung. Doch die Mehrzahl der DR-Maschinen war für die Verfeuerung von Briketts oder Rohbraunkohle gar nicht konzipiert. Aufgrund des deutlich geringeren Heizwertes der Braunkohle (2.000–4.600 kcal/kg) im Vergleich zur Steinkohle (7.000–7.400 kcal/kg) mussten die Heizer nun fast die doppelte Brennstoffmenge verfeuern. Dadurch verringerte sich der Aktionsradius der Maschinen erheblich.

Größtes Problem bei der Braunkohlenfeuerung war jedoch die geringe Standfestigkeit des Brennstoffs. Die Briketts zerfielen während des Verbrennens. Dieser Prozess wurde durch die Fahrterschütterungen noch zusätzlich verstärkt. Die brennenden Kohleteilchen fielen durch die Rostspalten und brannten im Aschkasten aus. Die Folgen waren Dampfmangel und schwere Schäden an den Aschkästen, Roststäben und Rostbalken. Zunächst versuchte die DR, die Rostspalten zu verkleinern und den Saugzug zu erhöhen. Das Ergebnis dieses Experiments war ein deutlich stärkerer Funkenflug, der zu zahllosen Böschungsbränden führte. Erst der Fahrmeister des Bw Zittau, Oskar Hönig, fand Ende der 1940er-Jahre eine praxistaugliche Lösung für das Problem – das so genannte

»Tote Feuerbett«. Der Rost wurde nun mit einer Schicht Schotter, Steinkohlenschlacke oder zerbrochenen Ziegelsteinen bedeckt. Darauf wurde dann das Feuer gebracht. Die Gesteinsschicht hielt die brennenden Kohleteilchen fest, bis sie als Asche in den Aschkasten fielen. Das »Tote Feuerbett« wurde bis Ende der 1950er-Jahre verwendet. Erst als wieder genügend Steinkohle zur Verfügung stand, mit der die Briketts dann gemischt werden konnten, hatte das »Tote Feuerbett« ausgedient.

Nachdem Ende der 1940er-Jahre die dringendsten Probleme im Betriebsmaschinendienst gelöst waren, beschäftigte sich die DR mit der Beschaffung neuer Dampfloks. Nachdem der Bedarf an neuen Fahrzeugen jedoch aus vielerlei Gründen (siehe S. 26 ff.) nicht gedeckt werden konnte, startete die DR ein groß angelegtes Modernisierungsprogramm (siehe Seite 59 ff.) für ihre Dampfloks. Dadurch konnte die Nutzungsdauer einiger Typen, wie z.B. der Rekoloks der Baureihen 41, 50.35 und 52.80, erheblich verlängert werden. Erst am 29. Oktober 1988 sollte die DR mit der Reko-Maschine 50 3559 schließlich die Dampflokzeit auf den Regelspurgleisen beenden.

◀ Die Reko-Maschinen der Baureihen 41, 50.35 und 52.80 setzte die DR bis zum Ende der Dampftraktion ein. 50 3559-7 des Bw Halberstadt beendete am 29. Oktober 1988 die Dampflokzeit auf deutschen Regelspurgleisen. *Foto: D. Endisch*

2. DIE KOHLENSTAUBFEUERUNG DES SYSTEMS WENDLER

Das größte Problem der Deutschen Reichsbahn (DR) in der sowjetischen Besatzungszone (SBZ) war die Brennstoffversorgung. Seit dem Sommer 1945 stand der DR für die Lokfeuerung so gut wie keine Steinkohle mehr zur Verfügung. Die Heizer mussten die Roste der Maschinen nun mit Braunkohlenbriketts und Rohbraunkohle beschicken. Doch die Kessel (Rost und Saugzuganlage) waren nur für Steinkohle ausgelegt. Außerdem war der Heizwert der Braunkohle (2.000–4.600 kcal/kg) deutlich geringer als jener der Steinkohle (7.000–7.400 kcal/kg). Die Heizer mussten deshalb doppelt so viel schippen, um die bisher mit Steinkohle erzeugte Wärmemenge zu erreichen. Doch trotz aller Schinderei – die Züge blieben häufig wegen Dampfmangel liegen.

Angesichts dieser Situation erinnerte sich die DR Ende der 1940er-Jahre an die Kohlenstaubfeuerung. Einen ersten Vorstoß in dieser Richtung hatte bereits 1945 Hans Wendler unternommen. Der Ingenieur schlug am 28. Dezember 1945 dem Reichsbahn-Zentralamt (RZA) den Umbau von Dampfloks auf Braunkohlenstaubfeuerung vor. Doch der zuständige Dezernent Hans Nordmann lehnte die eingereichten Entwürfe für die versuchsweise Umrüstung einer Lok der Baureihe 36.0–4 ab.

Ende 1947 gab dann Erwin Kramer, zu diesem Zeitpunkt Leiter der Hauptabteilung Maschinenwesen in der Generaldirektion (GD) der DR, Voruntersuchungen über die Nutzung von Braunkohlenstaub für die Lokfeuerung in Auftrag. Die Ausgangslage war nicht schlecht, denn der DR waren alle Lokomotiven der Bauarten STUG und AEG verblieben, die bereits in den 1920er-Jahren auf Kohlenstaubfeuerung umgebaut worden waren. Damals hatte die Deutsche Reichsbahn-Gesellschaft (DRG) mit dieser neuen Feuerungsart, die für den Kraftwerksbau und die Zementindustrie entwickelt worden war, bei Dampflokomotiven experimentiert. Diese Versuche waren aber letztlich erfolglos geblieben.

Weil sich nach dem Ende des Zweiten Weltkriegs die Versorgung mit Braunkohlenstaub problematisch gestaltete, konnte die DR erst 1948 damit beginnen, die STUG- und AEG-Loks der Baureihe 58 im Reichsbahnausbesserungswerk (Raw) Tempelhof instandzusetzen. Dabei zeigte sich aber, dass die mechanischen Fördereinrichtungen und Gebläse der Bauarten STUG und AEG viel zu kompliziert waren. Erwin Kramer erinnerte sich nun an die Vorschläge von Hans Wendler, der im Herbst 1948 den Auftrag zur Entwicklung einer betriebstauglichen Kohlenstaubfeuerung erhielt.

Unter Wendlers Leitung nahm im Raw Stendal die neue pneumatische Kohlenstaubfeuerung Gestalt an. Im Gegensatz zu den Bauarten STUG und AEG wurde bei der Wendler-Feuerung der Kohlenstaub zusammen mit der Verbrennungsluft durch den in der Rauchkammer erzeugten Unterdruck der Saugzuganlage den beiden neu entwickelten Wirbelbrennern zugeführt. Die Brenner saßen unterhalb der Stehkesselrückwand in der luftdicht mit Schamottesteinen ausgemauerten Feuerbüchse. Die Brennstoff- und Luftmenge wurde mittels Drehschiebern reguliert. Der Staubtransport im Tender erfolgte mit Hilfe von Druckluft, wozu eine zweite Luftpumpe und ein zusätzlicher Hauptluftbehälter notwendig waren. Auch wenn die ersten Versuche mit der 58 1353 noch nicht den gewünschten Erfolg brachten, zeigte sich, dass Hans Wendler und seine Ingenieure auf dem richtigen Weg waren. Noch bevor die ersten Maschine ihre Feu-

ertaufe bestanden hatte, wurden Hans Wendler und sein »Kollektiv Kohlenstaublokomotive« am 25. August 1949 mit dem ersten »Nationalpreis für Wissenschaft und Technik«, der höchsten Auszeichnung in der SBZ und der späteren DDR, ausgezeichnet.
Erst im Verlauf des Jahres 1950 – die so genannte »Gruppe Wendler« unterstand mittlerweile direkt der GD in Berlin – bewies die Kohlenstaubfeuerung ihre Bahntauglichkeit. Dies führte bei der DR zu einer wahren »Kohlenstaub-Euphorie«. Das am 20. November 1950 vom gerade ernannten Generaldirektor Erwin Kramer genehmigte Programm sah den Umbau von insgesamt 300 Maschinen der Baureihen 03.10, 17.10–12, 44 und 58 vor. Ein halbes Jahr später, im Juli 1951, stand bereits die Umrüstung von 1.800 Dampfloks bis 1955 zur Diskussion.
Doch all diese kühnen Pläne waren unrealistisch. Die notwendigen Investitionen für die Fertigung der benötigten Kohlenstaubbunker und den Umbau der Tender waren mit rund 60 Millionen Mark viel zu hoch. Außerdem zeigte sich, dass die vor allem bei den Loks der Baureihen 17.10–12 und 58 vorhandenen Kupferfeuerbüchsen für die Kohlenstaubfeuerung ungeeignet waren. Die durch die Verbrennung freigesetzten Schwefelgase führten zu einem extrem hohen Verschleiß, so dass mehr als 1.200 Maschinen neue Stahlfeuerbüchsen benötigten. Außerdem war der Bau neuer Mahl- und Bunkeranlagen in den Bahnbetriebswerken notwendig. Angesichts dieses immensen Aufwands stoppten die Staatliche Plankommission (SPK) und das Verkehrsministerium am 1. Februar 1952 das Umbauprogramm. Zu diesem Zeitpunkt verfügte die DR über 84 Kohlenstaubloks. Lediglich die bereits fertig gestellten Tender durften noch für die Baureihe 52 genutzt werden.
Die von Hans Wendler geleitete Arbeitsgruppe, seit Herbst 1952 offiziell als »Kohlenstaub-Kollektiv« (KKL) bezeichnet, kämpfte jedoch für den Umbau weiterer Maschinen. Bis zum 1. Mai 1954 wurden neben den bereits fertig gestellten Loks der Baureihen 17.10–12, 44 und 58

▼ Als eine der ersten Maschinen der Baureihe 44 wurde 44 528 am 27. Juni 1951 mit einer Kohlenstaubfeuerung der Bauart Wendler ausgerüstet. Typisch für die Wendler-Maschinen waren die zweite Doppelverbund-Luftpumpe und der zusätzliche Hauptluftbehälter, die bei der Baureihe 44 auf der Heizerseite montiert wurden. 44 528 wurde bereits Ende 1968 abgestellt. *Foto: Slg. K.-J. Kühne*

▲ **Hinter der 25 1002 verbarg sich die ehemalige 25 001, die 1958 mit einer Kohlenstaubfeuerung der Bauart Wendler ausgerüstet wurde.**
Foto: Slg. J. Töpelmann, Archiv transpress

noch einige Exemplare der Baureihe 52 sowie die Einzelgänger 07 1001, 08 1001 und 36 457 mit einer Wendler-Feuerung ausgerüstet. Zwischen 1955 und 1958 folgten noch die Neubau-Dampfloks 25 1001, 25 1002 (siehe Seite 34 f). und 65 1004 (siehe Seite 38 f.). Die Diskussion über das Für und Wider der Kohlenstaubfeuerung war damit aber noch lange nicht beendet. Schließlich genehmigte die DR 1956 den Umbau von einigen Maschinen der Baureihen 44 und 52. Mit der 52 716 stellte die DR dann am 25. Januar 1958 ihre letzte Kohlenstaub-Maschine in Dienst. Abzüglich der zurückgebauten Loks der Baureihe 58 (siehe Seite 22 f.) setzte die DR damit 118 Dampfloks mit einer Wendler-Feuerung ein. Dies war ein Weltrekord – keine Bahnverwaltung besaß mehr kohlenstaubgefeuerte Dampfloks.

Hans Wendler

Hans Wendler wurde am 16. Juli 1905 in Berlin geboren. Nach dem Abitur studierte er an der Beuth-Schule in Berlin bis 1926 Maschinenbau. Ab 1929 arbeitete er bei der DRG an der Entwicklung der optischen Zugbeeinflussung mit. 1935 wechselte er in die Konstruktionsabteilung der Borsig-Lokomotiv-Werke (BLW). Als Gruppenleiter war er in der von Adolf Wolf geleiteten Konstruktionsabteilung an der Entwicklung der kohlenstaubgefeuerten Schnellzug-Dampflok 05 003 beteiligt. Nach Streitigkeiten zwischen ihm und den BLW sowie der Reichsbahn ging er zu Siemens, wo er im Kraftwerksbau und an der Konstruktion von stationären Heizanlagen tätig war. Nach dem Zweiten Weltkrieg beauftragte die sowjetische Besatzungsmacht Hans Wendler mit der Instandsetzung des Kraftwerkes Unterspree der Berliner U-Bahn.
Ab 1. Januar 1948 stand er in Diensten der DR und entwickelte die nach ihm benannte pneumatische Kohlenstaubfeuerung. Bis zum Abbruch des Umbau-Programms leitete er das »Kohlenstaub-Kollektiv«. Die DR versetzte ihn anschließend als Technischen Direktor zum Raw Meiningen. Ab 1962 war er Beauftragter für Wärmetechnik und Anlagen bei der Hauptverwaltung der Reichsbahnausbesserungswerke (HvRaw). Auch nach dem Erreichen des Rentenalters betätigte sich Hans Wendler noch als Konstrukteur. 1987 reichte er sein 35. Patent ein, das am 19. Oktober 1988 bewilligt wurde. Zu diesem Zeitpunkt saß er noch immer regelmäßig an seinem Schreibtisch im Raw »Franz Stenzer« Berlin in der Revaler Straße. In Anerkennung seiner Verdienste verlieh ihm die Hochschule für Verkehrswesen (HfV) Dresden am 18. März 1983 die Ehrendoktorwürde (Dr.-Ing. eh). Am 19. Januar 1989 verstarb Reichsbahn-Direktor Hans Wendler im Alter von 83 Jahren.

▲ Hans Wendler ließ auch zwei französische Fremdloks mit einer Kohlenstaubfeuerung ausrüsten. Allerdings war die 08 1001 (ex 241 A 41 der SNCF) kaum im Einsatz. *Foto: Slg. R. Kutschke*

2.1 Die Baureihe 17^{Kst}

Nach den ersten Erfolgen mit den auf Kohlenstaubfeuerung umgebauten Maschinen der Baureihe 58 (siehe Seite 13) erteilte der Generaldirektor der DR, Erwin Kramer, Hans Wendler den Auftrag, eine Schnellzuglok der Baureihe 17.10–12 (ex. preußische S 10.1) mit einer Kohlenstaubfeuerung und einem Kondenstender auszurüsten. Die S 10.1 war aufgrund ihrer langen, schmalen Feuerbüchse für den Einbau der pneumatischen Kohlenstaubfeuerung geradezu prädestiniert. Für den Umbau griff Wendler auf die 1913 von Henschel & Sohn gebaute 17 1119 und den vierachsigen Kondenstender der abgestellten 52 2009 zurück. Die Arbeiten übernahm das Raw Stendal (08.01.–30.04.1949). Am 1. Mai 1949 wurde die mit einem Flügelrad an der Rauchkammertür versehene 17 1119 im Bahnhof Berlin Friedrichstraße feierlich dem Betrieb übergeben.

Die DR wollte die Maschine ursprünglich im Langlauf vor internationalen Schnellzügen zwischen Warnemünde und Dresden einsetzen. Konstruktiv war die Maschine daher so ausgelegt, dass sie 1.500 km ohne Ergänzung des Brennstoff- und Wasservorrates zurücklegen konnte.

Doch im harten Betriebsalltag überzeugte die zunächst im Bw Berlin-Rummelsburg beheimatete 17 1119 nicht. In den folgenden Wochen und Monaten musste die Lok immer wieder in das Raw Stendal zu Nacharbeiten (vor allem Kessel und Feuerung). Erst nach dem Einbau der modifizierten Kohlenstaubfeuerung (am 08.08.1951) und der Umsetzung zum Bw Ostbahnhof (am 09.08.1951) konnte die Lok im Betriebsdienst eingesetzt werden. Meistens bespannte das Bw Ostbahnhof mit der 17 1119 Schnellzüge nach Dresden.

▲ 17 1198 gehörte zu den letzten betriebsfähigen Maschinen der Baureihe 17Kst im Bw Cottbus. Kurz vor der Abstellung der Maschine am 24. Dezember 1960 entstand diese Aufnahme. *Foto: Archiv D. Endisch*

▲ **Die DR ließ insgesamt 15 Maschinen der Baureihe 17.10–12 mit einer Kohlenstaubfeuerung des Systems Wendler ausrüsten. 17 1114 diente zuletzt als Heizlok im Bw Berlin-Lichtenberg, wo sie am 26. Juni 1961 abgestellt wurde.** *Foto: Slg. H.-G. Kleine, Archiv transpress*

Zu diesem Zeitpunkt lief bereits das im November 1950 beschlossene Umbau-Programm für die Baureihe 17.10–12 auf vollen Touren. Nach dem Abschluss der notwendigen konstruktiven Änderungen stellte das Raw Stendal bis Ende 1950 noch drei S 10.1 fertig. Im Frühjahr 1951 übernahm dann das Raw Meiningen die Umrüstung der Baureihe 17.10–12. Entgegen den ehrgeizigen Plänen Hans Wendlers, bis 1954 insgesamt 30 preußische S 10.1 mit einer Kohlenstaubfeuerung auszurüsten, wurden lediglich 14 Maschinen fertig gestellt. Dafür gab es im Wesentlichen zwei Gründe: Zum einen waren viele der bei der DR verbliebenen S 10.1 völlig verschlissen, zum anderen mussten die auf Wendler-Feuerung umgebauten Loks alle mit einer neuen Stahlfeuerbüchse ausgerüstet werden, was die ohnehin hohen Kosten weiter in die Höhe trieb. Als letzte verließ schließlich am 6. Januar 1955 die 17 1104 das Raw Meiningen. Die Lok hatte einen so genannten »Langlauftender«. Dieser bestand aus zwei kurzgekuppelten Behälterwagen mit vier Staubbehältern und einem 42 m^3 großen zusätzlichen Wasserbehälter.

TECHNISCHE DATEN

Bauart		2´C h4v
Betriebsgattung		S 37.17
Länge ü. Puffer (Tender pr 2´2´ T 26 Kst)	mm	20.910
Höchstgeschwindigkeit v/r	km/h	120/50
Zylinderdurchmesser (HD/ND)	mm	400/610
Kolbenhub	mm	660
Treib- und Kuppelraddurchmesser	mm	1.980
Laufraddurchmesser v	mm	1.000
Kesselüberdruck	kp/cm^2	15
Rostfläche	m^2	3,18
Verdampfungsheizfläche	m^2	163,06
Dienstmasse (2/3 Vorräte)	t	83,1[1]
Brennstoffvorrat	t	10[2]
Wasserkasteninhalt	m^3	26
indizierte Leistung	PS_i	ca. 1.500
indizierte Zugkraft (0,8)	Mp	7,4

Anmerkungen:

1 ohne Tender

2 22,5 m^3 Kohlenstaub

2.2 Die Baureihe 44^{Kst}

Der DR in der SBZ waren 335 Maschinen der Baureihe 44 verblieben. Nach der Ausmusterung einiger durch Kriegseinwirkungen irreparabel beschädigter Maschinen schrumpfte der Bestand auf 329 Loks. Durch die Indienststellung von zehn Loks, die der VEB Lokomotivbau-Elektrotechnische Werke (LEW) »Hans Beimler« (LKM) 1948/49 aus noch vorhandenen Teile fertigte, standen der DR schließlich 339 Exemplare der auch »Jumbo« genannten Baureihe zur Verfügung. Seit der Gattungsbereinigung im Frühjahr 1949 bildete die Baureihe 44 das Rückgrat im schweren Güterzugdienst in den Reichsbahndirektionen Dresden, Erfurt und Halle. Der Dienst auf der Baureihe 44 war für die Lokführer und Heizer im wahrsten Sinne des Wortes eine Knochenarbeit, denn für die Lokfeuerung standen seit dem Sommer 1945 im Wesentlichen nur noch Briketts und Rohbraunkohle zur Verfügung. Um die Heizer von ihrer schweren Arbeit zu entlasten, beschloss die Generaldirektion der DR, die Baureihe 44 mit einer Kohlenstaubfeuerung der Bauart Wendler auszurüsten.

Die dafür notwendigen Konstruktionsarbeiten übernahm das Raw Meiningen. Die erforderlichen Bauartänderungen waren überschaubar. Der Aschkasten wurde durch einen luftdicht verschlossenen Brennraum ersetzt. Außerdem waren ein neuer, stärkerer Hilfsbläser, eine zweite Doppelverbund-Luftpumpe und ein zusätzlicher Hauptluftbehälter erforderlich. Die Überhitzerelemente mussten um 1.000 mm verkürzt werden. Bereits am 25. Mai 1951 übergab das Raw Meiningen die 44 674 als ersten kohlenstaubgefeuerten »Jumbo« an das Bw Halle G. Bis zum Jahresende 1951 folgten weitere elf Maschinen, die die DR auf die Bahnbetriebswerke Halle G und Leipzig-Wahren verteilte.

Die 44 506 wurde in der FVA Halle (Saale) einer gründlichen messtechnischen Untersuchung unterzogen. Die Versuche mit der 44 506 verliefen ganz im Sinne der DR. Im Vergleich zur kohlegefeuerten 44 1416 verbrauchte die Kohlenstaublok zwischen 18 und 25 % weniger Brennstoff. Außerdem erreichte die 44 506 einen höheren Kesselwirkungsgrad und eine höhere Leistung. Angesichts dieser Tatsachen sah die DR den Umbau weiterer »Jumbos« auf Kohlenstaubfeuerung vor. Doch der 1950 beschlossene Plan, insgesamt 212 Maschinen der Baureihe 44 umzurüsten, scheiterte an den zu hohen Kosten. Erst 1956 genehmigte die HvM die Umrüstung von weiteren zehn Maschinen. Nach der Abnahme der 44 1238 am 13. November 1957 verfügte die DR insgesamt über 23 Maschinen der Baureihe 44^{Kst}.

Diese waren in den Bahnbetriebswerken Arnstadt, Meiningen, Halle G und Leipzig-Wahren im Einsatz. Bereits 1959 gaben Meiningen und Leipzig-Wahren ihre Staub-44er nach Arnstadt bzw. Halle G ab. Das Bw Arnstadt setzte seine Maschinen in erster Linie im schweren Güterzugdienst auf den Strecken nach Erfurt, Meiningen und Saalfeld ein. Mit Duchgangsgüterzügen kamen die Loks auch bis nach Weißenfels und Merseburg. Das Bw Halle G bespannte mit den Staub-44ern schwere Güterzüge im mitteldeutschen Industriegebiet. Ab 1964 konzentrierte die DR die Baureihe 44^{Kst} in Arnstadt, wo ab 31. Mai 1967 alle Loks beheimatet waren. Mit der Indienststellung der ersten Dieselloks der Baureihe V 200 (ab 1970: Baureihe 120) konnte die DR ab 1968 einige Staub-44er ausmustern. Bis zum Sommer 1970 schrumpfte so der Bestand auf 14 Maschinen zusammen. Seit der Einführung der EDV-gerechten Betriebs-Nr. am 1. Juni 1970 gehörten

TECHNISCHE DATEN

Bauart		1´E h2
Betriebsgattung		G 56.20
Länge ü. Puffer (Tender 2´2´ T 24 Kst)	mm	23.202
Höchstgeschwindigkeit v/r	km/h	80/50
Zylinderdurchmesser	mm	550
Kolbenhub	mm	660
Treib- und Kuppelraddurchmesser	mm	1.400
Laufraddurchmesser v	mm	850
Kesselüberdruck	kp/cm^2	16
Rostfläche	m^2	4,55
Verdampfungsheizfläche	m^2	238,0
Dienstmasse (2/3 Vorräte)	t	156,8
Brennstoffvorrat	t	9,51
Wasserkasteninhalt	m^3	22
indizierte Leistung	PS_i	ca. 1.900
indizierte Zugkraft (0,8)	Mp	27,38

Anmerkung:

1 21 m^3 Kohlenstaub

▲ **44 1272 wurde erst im Frühjahr 1957 mit einer Kohlenstaubfeuerung des Systems Wendler ausgerüstet. Im Frühjahr 1961 stand die Maschine im Bw Arnstadt. Als 44 9272-4 wurde die Lok Anfang 1974 ausgemustert.** *Foto: Archiv D. Endisch*

die kohlenstaubgefeuerten »Jumbos« zur Baureihe 44.9. Anfang der 1970er-Jahre zeichnete sich dann das Ende der Staub-44er im Thüringer Wald ab. Mit dem Einsatz der Baureihe 131 wurde ab 1972 die Zahl der Kohlenstaub-Loks schrittweise verringert. Am 1. Januar 1974 gehörten nur noch sechs Loks der Baureihe 44.9 zum Betriebspark des Bw Arnstadt. Der Deutsche Modelleisenbahn-Verband der DDR (DMV) veranstaltete schließlich mit der 44 9612-1 eine Abschiedsfahrt durch den Thüringer Wald. Wenige Wochen später, am 11. Dezember 1974, beendete 44 9612-1 die Ära der Staub-44er.

▼ **Baureihe 44^{Kst} mit Kohlenstaub-Wannentender der Bauart 2´2´T24** *Zeichnung: Archiv transpress*

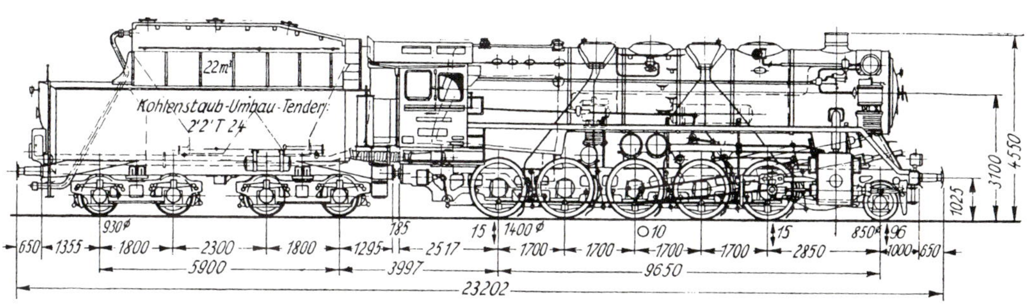

▲ **52 9900-3 (ex 52 4900) blieb als einzige Kohlenstaub-Maschine der Bauart Wendler erhalten. Die im ehemaligen Bw Halle P abgestellte Lok konnte am 31. August 2003 in Lutherstadt Wittenberg besichtigt werden.** *Foto: D. Endisch*

2.3 Die Baureihe 52^{Kst}

In dem 1950 aufgestellten Umprogramm für Kohlenstaubloks spielte die Baureihe 52 zunächst keine Rolle. Der im November 1950 beschlossene Plan sah lediglich die Umrüstung der Güterzugloks der Baureihen 44 und 58 vor. Dies änderte sich erst 1952. Als die Fortführung des Umbauprogramms zur Diskussion stand, brachte die Rbd Cottbus die Umrüstung einiger Maschinen der Baureihe 52 ins Spiel. Für den Umbau der Kriegsmaschinen gab es gute Argumente: Dazu gehörten vor allem der Einsatz der Kriegsloks im schweren Güterzugdienst und die Nähe der Rbd Cottbus zur Braunkohlenindustrie. Die GD der DR stimmte dem Vorschlag schließlich zu und beschloss im Frühjahr 1953 den Umbau von 29 Maschinen der Baureihe 52. Dafür standen bereits 14 Kohlenstaub-Tender aus dem 1951 abgebrochenen Umbau-Programm, fünf Tender von zurückgebauten Loks der Baureihe 58 (siehe Seite 23) sowie zehn fertige, aber noch nicht eingebaute Bunker zur Verfügung. Das Raw Stendal konnte daher umgehend mit der Umrüstung der 52 3285 und 52 3594 beginnen. Die erforderlichen Änderungen waren überschaubar. Wie bei allen Wendler-Loks musste auch bei der Baureihe 52 der Aschkasten durch einen luftdicht verschlossenen Brennraum ersetzt werden. Weitere wesentliche Änderungen waren der neue, stärkere Hilfsbläser, die zweite Doppelverbund-Luftpumpe und der zusätzliche Hauptluftbehälter. Bereits am 23. März 1953

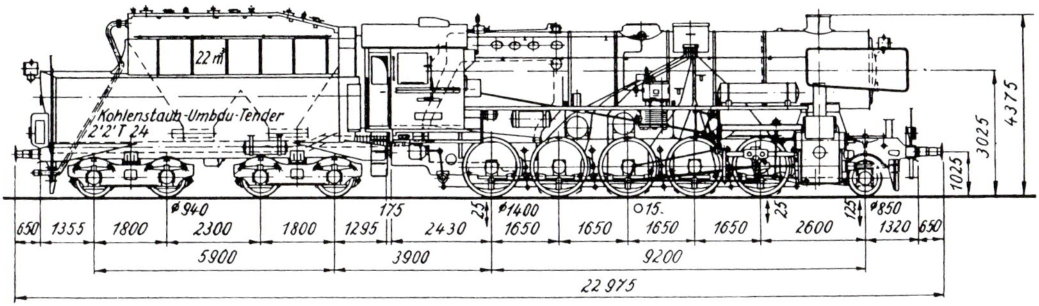

▲ **Baureihe 52**[Kst] **mit Kohlenstaub-Wannentender der Bauart 2´2´T24** *Zeichnung: Archiv transpress*

wurde die 52 3594 als erste kohlenstaubgefeuerte Kriegslok abgenommen. Bis zum 30. April 1954 verließen weitere elf Staub-52er das Raw Stendal. Die DR wies alle Maschinen dem Bw Senftenberg zu, das die Loks fast ausschließlich im schweren Güterzugdienst einsetzte. Die Maschinen kamen dabei u.a. bis nach Angermünde, Berlin, Dresden und Frankfurt (Oder). Die Staub-52er waren bei den Personalen sehr beliebt. Ab 1956 ließ die DR noch einmal 13 Maschinen der Baureihe 52 im Raw Stendal mit einer Kohlenstaubfeuerung der Bauart Wendler ausrüsten. Die am 25. Januar 1958 in Dienst gestellte 52 716 war die letzte umgebaute Kohlenstaublok der DR. Auch diese Staub-52er kamen alle nach Senftenberg, wo die Baureihe 52[Kst] für viele Jahre die wichtigste Rolle in der Zugförderung spielte. Die Einsatzstellen (Est) Finsterwalde und Ruhland besetzten ebenfalls Staub-52er. Mit der Einführung der EDV-gerechten Betriebs-Nr. am 1. Juni 1970 wurden alle 25 kohlenstaubgefeuerten 52er zur Baureihe 52.9 umgezeichnet. Nach dem Ausscheiden der Baureihe 44.9 (siehe Seite 19) aus der Zugförderung im Dezember 1974 waren die Maschinen der Baureihe 52.9 die letzten Kohlenstaubloks der DR. Ab 1975 begann dann auch der Stern der Staub-52er zu sinken, die nun schrittweise durch Dieselloks der Baureihe 120 ersetzt wurden. Bis zum 1. Juli 1977 schrumpfte der Betriebspark auf 13 Exemplare zusammen. Einen Tag später veranstaltete der DMV mit der 52 9900-3 (ex 52 4900) eine Abschiedsfahrt durch die Lausitz. Doch es vergingen noch gut zwei Jahre, bis das Bw Senftenberg auf seine letzten Staub-52er verzichten konnte. Im Winter 1978/79 standen noch vier Maschinen unter Dampf. Erst am 28. September 1979 stellte das Bw Senftenberg die 52 9195-0 als letztes Exemplar ihrer Baureihe ab.

Als einzige Kohlenstaublok blieb 52 9900-3 erhalten. Die Maschine rostete in Schlauroth und Meuselwitz jahrelang vor sich hin, bis die DR die Lok im Frühjahr 1989 als Schaustück aufarbeiten ließ. Heute kann die Lok in der Außenstelle Halle (Saale) des DB-Museums Nürnberg bewundert werden.

TECHNISCHE DATEN

Bauart		1´E h2
Betriebsgattung		G 56.15
Länge ü. Puffer (Tender 2´2´ T 24 KSt)	mm	22.975
Höchstgeschwindigkeit v/r	km/h	80/50
Zylinderdurchmesser	mm	600
Kolbenhub	mm	660
Treib- und Kuppelraddurchmesser	mm	1.400
Laufraddurchmesser v	mm	850
Kesselüberdruck	kp/cm^2	16
Rostfläche	m^2	3,9
Verdampfungsheizfläche	m^2	177,6
Dienstmasse (2/3 Vorräte)	t	131,4
Brennstoffvorrat	t	9,5[1]
Wasserkasteninhalt	m^3	22
indizierte Leistung	PS_i	ca 1.800
indizierte Zugkraft (0,8)	Mp	21,72

Anmerkung:

1 21 m^3 Kohlenstaub

2.4 Die Baureihe 58^{Kst}

Mehr als 50 Maschinen der Baureihe 58 ließ die DR mit einer Kohlenstaubfeuerung der Bauart Wendler ausrüsten. Die Baureihe 58 diente als Prototyp für die neue Feuerungstechnik. Bereits ab dem Sommer 1948 ließ Hans Wendler die mit einer STUG-Feuerung ausgerüsteten 58 1353, 58 1677, 58 1722 und 58 1794 sowie die mit einer AEG-Feuerung versehenen 58 1416 und 58 1894 (siehe Seite 12) instandsetzen. Außerdem wurden noch 58 1066 und 58 1847 unter Zuhilfenahme von Teilen der AEG-Loks 56 2130, 56 2801, 56 2906 und 56 2907 umgerüstet. Anschließend wurden die Maschinen dem Bw Halle G zugewiesen. Parallel dazu entwickelte Hans Wendler seine neue pneumatische Kohlenstaubfeuerung, die zunächst bei 58 1353 erprobt wurde. Anstelle des mechanischen Staubtransportes, wie er bei den STUG- und AEG-Maschinen üblich war, wurde der Kohlenstaub nun mithilfe von Druckluft zu den Brennern gebracht. Dazu wurde die 58 1353 mit einer zweiten Doppelverbund-Luftpumpe und einem zusätzlichen Hauptluftbehälter ausgerüstet. Die ersten Standversuche in Halle waren jedoch ernüchternd. Die Flamme riss immer wieder ab und die erzeugte Wärmeenergie reichte bei weitem nicht aus. Obwohl die neue Kohlenstaubfeuerung noch lange nicht ihre Betriebsreife erreicht hatte, präsentierte die DR am 1. Mai 1949 die 58 1353 im Bahnhof Berlin Friedrichstraße der Öffentlichkeit. Nach erneuten Verbesserungen an der Kohlenstaubfeuerung wurden im Raw Stendal bis zum 2. November 1949 noch weitere neun Loks der Baureihe 58 umgebaut. Die am 12. August 1949 umgerüstete 58 1208 diente dabei als Erprobungsmuster. Aufgrund zahlreicher Nacharbeiten verzögerten sich die Tests bis zum Frühjahr 1950. Als die Lok schließlich am 2. März 1950 angeheizt wurde, offenbarte die Kohlenstaubfeuerung noch einige Mängel. Die Flamme riss immer wie-

▲ 58 1722 wurde 1930 mit einer Kohlenstaubfeuerung der Bauart STUG ausgerüstet. 1949 erhielt die Maschine als eine der ersten G 12 eine Kohlenstaubfeuerung der Bauart Wendler. 1964 wurde sie wieder auf Rostfeuerung zurückgebaut. *Foto: Slg. K.-J. Kühne*

▼ **Baureihe 58Kst mit Kohlenstaubtender der Bauart 2´2´T26** *Zeichnung: Archiv transpress*

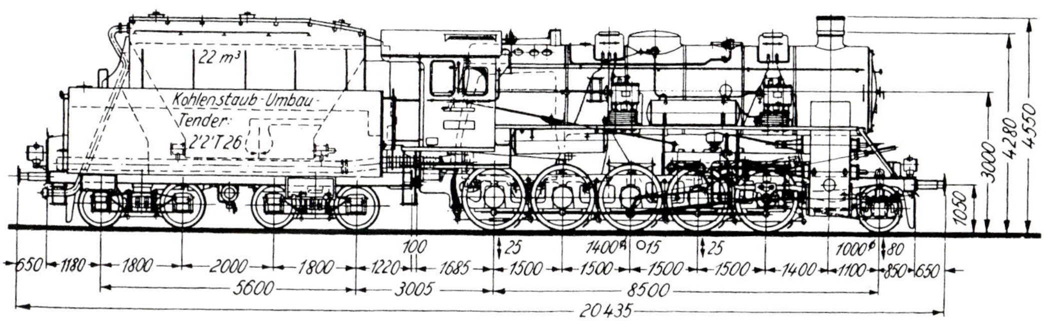

der ab und es kam zu Verpuffungen in der Feuerbüchse. Durch den Einbau eines schmaleren Schornsteins und eines engeren Blasrohres konnten diese Probleme jedoch behoben werden. Die 58 1208 erwies sich nun als eine leistungsfähige Maschine. Dies bestätigten auch die späteren Versuchsfahrten der FVA Halle (Saale) mit der auf Wendler-Feuerung umgerüsteten 58 1353. Die Staub-58er war den herkömmlichen rostgefeuerten Maschinen in Sachen Leistung und Verbrauch deutlich überlegen. Daher überrascht es nicht, dass die DR bis Ende 1951 insgesamt 54 Maschinen der Baureihe 58 mit einer Kohlenstaubfeuerung ausrüsten ließ.

Allerdings hatte die DR in den ersten Jahren mit erheblichen Problemen zu kämpfen. Die bei der Verbrennung des Kohlenstaubs freigesetzten Schwefelgase führten zu einem extrem schnellen Verschleiß an den Kupferfeuerbüchsen. Daher waren im Sommer 1952 nur 25 Maschinen einsatzfähig. Die DR ließ deshalb einige Maschinen wieder auf Rostfeuerung zurückbauen. Dadurch schrumpfte der Bestand auf 42 Staub-58er, die ab 1955 in den Bahnbetriebswerken Arnstadt, Halle G und Dresden-Friedrichstadt stationiert waren. Das Bw Arnstadt setzte seine Maschinen vornehmlich im Nahgüterzugdienst nach Ilmenau und Saalfeld ein. Die Staub-58er des Bw Halle G kamen meist auf den Strecken nach Bitterfeld, Köthen, Merseburg und Sangerhausen im Einsatz. Das Bw Dresden-Friedrichstadt hatte hingegen ein deutlich größeres Betätigungsfeld. Die hier stationierten Maschinen kamen im schweren Güterzugdienst planmäßig bis nach Falkenberg, Leipzig-Wahren und Senftenberg. Außerdem dienten die Maschinen als Schiebeloks auf den Rampen nach Klotzsche und Tharandt. Bereits Anfang der 1960er-Jahre gingen die Einsätze der Staub-58er zurück. Ab 1965 wurde Dresden-Friedrichstadt zum Auslauf-Bw für die Baureihe 58Kst. Insgesamt 21 Staub-58er waren am 1. Januar 1964 im Bw Dresden-Friedrichstadt stationiert. Als die Dienststelle drei Jahre später im neuen Groß-Bw Dresden aufging, gehörten drei Maschinen zum Betriebspark. Die Loks wurden jetzt nur noch für den Schiebebetrieb zwischen Tharandt und Klingenberg-Colmnitz benötigt, da dem Bw Dresden nicht genügend Elektroloks zur Verfügung standen. Am 8. Juni 1967 schieden schließlich 58 456, 58 1856 und 58 2131 als letzte ihrer Baureihe aus dem Betriebsdienst aus.

TECHNISCHE DATEN

Bauart		1´E h3
Betriebsgattung		G 56.16
Länge ü. Puffer (Tender pr 2´2´ T 26)	mm	20.435
Höchstgeschwindigkeit v/r	km/h	65/50
Zylinderdurchmesser	mm	570
Kolbenhub	mm	660
Treib- und Kuppelraddurchmesser	mm	1.400
Laufraddurchmesser v	mm	1.000
Kesselüberdruck	kp/cm²	14
Rostfläche	m²	3,90
Verdampfungsheizfläche	m²	191,46
Dienstmasse (2/3 Vorräte)	t	146,0
Brennstoffvorrat	t	101
Wasserkasteninhalt	m³	23
indizierte Leistung	PS_i	ca. 1.600
indizierte Zugkraft (0,8)	Mp	25,73

Anmerkung:

1 22,5 m³ Kohlenstaub

2.5 Die Einzelstücke der Baureihen 03.10, 07, 08 und 36.0–4

Neben den Baureihen 17.10–12, 44, 52 und 58 ließ die DR auch 03 1087, 07 1001, 08 1001 und 36 457 mit einer Kohlenstaubfeuerung der Bauart Wendler ausrüsten. Basierend auf dem Ende 1950 beschlossenen »Plan 1951–1954 für den Umbau von Lokomotiven auf Kohlenstaubfeuerung« sollten alle Maschinen der Baureihen 03 und 03.10 eine Wendler-Feuerung erhalten. Als Baumuster dafür wurde die 03 1087 ausgewählt, die seit dem 12. August 1949 im Raw Chemnitz auf eine Hauptuntersuchung (L4) wartete. Das von Hans Wendler geleitete KKL stellte die Konstruktionsunterlagen für den Umbau der **03 1087** bis zum 15. August 1951 fertig. Anschließend begann der Umbau, der bis zum 29. April 1952 dauerte. Danach kam die Lok zum Bw Ostbahnhof, wo sie ab Herbst 1952 planmäßig das Schnellzug-Paar D 13/14 zwischen Berlin und Stralsund bespannen sollte. Allerdings bereitete die Lok erhebliche Probleme, so dass sie schließlich an die Bahnbetriebswerke Leipzig Hbf West (ab 04.06.1953) und Halle P (ab 28.08.1953) weitergegeben wurde. Ab 6. Januar 1954 gehörte die 03 1087 zum Bw Dresden-Altstadt, wo sie bis zu ihrer Rekonstruktion 1958 verblieb.

Nach dem Zweiten Weltkrieg waren im Bereich der DR zahlreiche ausländische Dampfloks verblieben, darunter auch die 231 E 18 der Französischen Staatsbahnen (SNCF). Die 1912 gebaute Schnellzuglok galt als eine der besten Konstruktionen ihrer Zeit. Nachdem 1949 die ersten Kohlenstaub-Loks erprobt worden waren, wollte Hans Wendler auch die 231 E 18 umbauen. Betrieblich bestand dafür keine Notwendigkeit. Wendler ging es vielmehr darum, zu beweisen, dass seine Feuerung für alle Maschinen geeignet sei. 1952 begann das Raw Stendal schließlich mit dem Umbau der 231 E 18, die dabei den deutschen Normen angepasst wurde. Die Maschine wurde nach ihrer Abnahme am 8. Juli 1952 als **07 1001** in Dienst gestellt und dem Bw Ostbahnhof zugewiesen. Dort wusste man mit

TECHNISCHE DATEN

		03 1087	07 1001	08 1001	36 457
Bauart		2´C1´h3	2´C1´h4v	2´D1´h4v	2´B n2V
Betriebsgattung		S 36.18	S 36.19	S 49.19	P 24.14
Länge ü. Puffer	mm	23.905[1]	22.880[1]	24.800[1]	?
Höchstgeschwindigkeit v/r	km/h	140/50	140/50	120/50	90/50
Zylinderdurchmesser (HD/ND)	mm	470/-	420/640	450/660	460/680
Kolbenhub	mm	660	650	720	600
Treib- und Kuppelraddurchmesser	mm	2.000	1.950	1.950	1.750
Laufraddurchmesser v/r	mm	1.000/1.250	960/1.150	920/1.080	1.000/-
Kesselüberdruck	kp/cm²	16	16[3]	16[5]	12
Rostfläche	m²	3,90	4,33	4,43	2,31
Verdampfungsheizfläche	m²	202,96	199,3	223,2	118,1
Dienstmasse (2/3 Vorräte)	t	?	101,8[4]	122,5[4]	?
Brennstoffvorrat	t	10[2]	10[2]	10[2]	?
Wasserkasteninhalt	m³	28,5	28,5	28,5	?
indizierte Leistung	PS_i	ca. 1.800	?	?	?
indizierte Zugkraft (0,8)	Mp	14,0	?	?	?

Anmerkungen:

1 mit 2´2´T 28 Kst

2 22,5 m³ Kohlenstaub

3 ursprünglich 17 kp/cm²

4 ohne Tender

5 ursprünglich 20 kp/cm²

dem Einzelstück nichts anzufangen und reichte es daher an das Bw Halle P weiter. Ab 23. März 1954 war die Lok im Bw Dresden-Altstadt beheimatet. Bei den Personalen war die Lok aufgrund ihrer schlechten Leistung und des wartungsintensiven Verbundtriebwerkes unbeliebt. Bis zu ihrer Abstellung am 4. Januar 1957 legte die 07 1001 nur rund 50.000 km zurück.

Ähnlich erging es der **08 1001**. Hinter ihr verbarg sich die 1931 gebaute Schnellzuglok 241 A 21 der SNCF, die nach dem Zweiten Weltkrieg in Stralsund verblieben war. Hans Wendler ließ die Maschine aufgrund ihrer großen Feuerbüchse mit Verbrennungskammer im Raw Stendal ab 1951 auf Kohlenstaubfeuerung umrüsten. Der Umbau und die Anpassung der Lok an die deutschen Normen dauerte bis Anfang 1953. Dabei musste der Kesseldruck von 20 auf 16 kp/cm^2 verringert werden. Dadurch büßte die 08 1001 jedoch einen erheblichen Teil ihrer Leistung ein. Nach einigen erfolglosen Versuchsfahrten der FVA Halle (Saale) war die Lok ab 1953 im Bw Dresden-Altstadt beheimatet. Hier wurde die Lok jedoch kaum eingesetzt. Bis zu ihrer Ausmusterung 1957 brachte sie es auf nicht einmal 100 Einsatztage mit rund 34.000 km Laufleistung.

Auch **36 457**, eine Lok der preußischen Gattung P 4.2, war nur ein Versuchsträger. Als größtes Problem für die DR erwies sich die Beschaffung ausreichender Mengen an Kohlenstaub. Vor diesem Hintergrund entstand die Idee, den Kohlenstaub direkt im Tender der Lok zu erzeugen. Erste Überlegungen dazu gab es bereits 1940. Hans Wendler griff diese Idee auf und entwickelte in Zusammenarbeit mit Kurt Pierson eine Kohlenzertrümmerungseinrichtung. Die Kohle fiel in ein Rohr, in dessen hinteres Ende Dampf eingeblasen wurde. Die Kohle sog sich mit Dampf voll und wurde an einer Stahlplatte zertrümmert. Der dadurch entstehende Kohlenstaub wurde dann den Wirbelbrennern zugeführt.

Mit dieser Kohlenzertrümmerungseinrichtung wurde die 36 457 im Raw Stendal ausgerüstet. Die am 1. Mai 1951 in Dienst gestellte Lok war jedoch nur wenige Wochen im Einsatz, da die Kohlenzertrümmerungseinrichtung nicht betriebstauglich war. Bereits ab August 1952 gehörte sie zum Schadpark der Rbd Berlin, bevor sie dann 1959 als Dampfspender verkauft wurde.

▲ Die 36 457, preußische P 4.2, wurde versuchsweise mit einer Kohlenzertrümmerungseinrichtung ausgerüstet. Diese bewährte sich jedoch nicht, so dass 36 457 nach nur wenigen Einsatztagen abgestellt wurde. *Foto: Slg. R. Kutschke*

3. DIE NEUBAU-DAMPFLOKS DER DEUTSCHEN REICHSBAHN

Die ersten Überlegungen für den Bau neuer Dampfloks reichen zurück bis in das Jahr 1945. Um die Lücken im Fahrzeugpark zu decken, plante die Deutsche Reichsbahn (DR) in der sowjetischen Besatzungszone (SBZ) zunächst die Beschaffung einer universell einsetzbaren 1´Dh2-Schlepptenderlok. Bereits am 14. Dezember 1945 erhielt die Borsig Maschinenbau GmbH einen entsprechenden Entwicklungsauftrag. Nach nur wenigen Monaten legte Borsig am 12. März 1946 die ersten Zeichnungen vor. Die Ingenieure griffen dabei auf Elemente der Einheits- und der Kriegsloks zurück. Neu war hingegen die geplante Mischvorwärmer-Anlage (MV). Der Entwurf fand die Zustimmung der DR. Deren vorgesetzte Dienststelle, die Deutsche Zentralverwaltung des Verkehrs, beantragte daher am 11. Juli 1946 beim Chef der Eisenbahnabteilung der Sowjetischen Militäradministration in Deutschland (SMAD) die Fertigung dreier Baumuster. Doch die SMAD lehnte den Wunsch der DR ohne Nennung von Gründen ab.

Ohnehin wäre der Bau der Loks schwierig gewesen, denn die vorhandenen Kapazitäten der Industrie waren durch die Kriegszerstörungen und die Demontagen der Sowjets deutlich eingeschränkt. Au-

▲ **Die Schmalspurlok 99 1771-7 (ex 99 771) war die erste Neubau-Dampflok der DR. Die Maschine nahm am 15. Februar 2003 in Cranzahl Wasser.**

Foto: D. Endisch

▲ **Die erste regelspurige Neubau-Dampflok, die die DR in Serie beschaffte, war die Baureihe 65.10. Der klobige Mischkasten der so genannten »älteren Bauart« wurde später durch einen kleinen Mischkasten ersetzt. Später wurden die Maschinen außerdem mit Nassdampfregler und Zentralsandkasten ausgerüstet.**
Foto: Slg. K.-J. Kühne

ßerdem waren der VEB Lokomotivbau »Karl Marx« Babelsberg (LKM) und der VEB Lokomotivbau-Elektrotechnische Werke »Hans Beimler« Hennigsdorf (LEW) durch Aufträge für die Sowjetunion fast völlig ausgelastet.

Erst 1949 beschäftigte sich die Generaldirektion (GD) der DR wieder mit dem Thema »Neubau-Dampfloks«. Angesichts der betrieblichen Verhältnisse plädierte die GD für die Entwicklung einer 90 km/h schnellen Universal-Maschine. Dafür bot sich eigentlich die Wiederauflage der Baureihe 41 an. Doch die Einheitslok entsprach nicht mehr dem Stand der Technik. Darüber hinaus gab es in der DDR keine Möglichkeiten zum Bau von Barrenrahmen. Nach einer Bedarfsanalyse gab die GD die Entwicklung einer 1´Dh2-Schlepptenderlok sowie einer D2´h2- und einer E1´h2-Tenderlok in Auftrag. Außerdem stand die Beschaffung neuer Schmalspurloks ganz oben auf der Tagesordnung. Die Entwicklung der Baureihen 99.23–24 (siehe Seite 42 f.) und 99.77–79 (siehe Seite 46 f.) orientierte sich stark an den Einheitsloks der Baureihen 99.22 und 99.73–76 und erfolgte unabhängig von den regelspurigen Maschinen. Gleichwohl wurden auch hier die seit Ende der 1930er-Jahre gemachten Fortschritte des deutschen Lokomotivbaus berücksichtigt.

Die verantwortlichen Eisenbahner in der GD und dem 1951 gegründeten Technischen Amt (TA), das für die Entwicklung der neuen Maschinen verantwortlich zeichnete, waren sich einig, dass die Baugrundsätze der Einheitsdampfloks für Kessel und Rahmen nicht mehr zeitgemäß waren. Dafür gab es technische und wirtschaftliche Gründe. Der vom »Vater der Einheitsloks«, Richard Paul Wagner (25.08.1882–14.02.1953) bevorzugte Langrohr-Kessel war nicht überlastbar und nicht für die Verfeuerung von Braunkohle ausgelegt. Der Barrenrahmen konnte nicht genutzt werden, da er in der DDR nicht hergestellt werden konnte.

Vor diesem Hintergrund mussten neue Baugrundsätze für die Dampfloks der DR entwickelt werden. Dafür war Hans Schulze (08.07.1903–05.10.1962) verantwortlich, der als Referent für die Bauart der Dampf- und Dieselloks im Technischen Zentralamt (TZA) der DR arbeitete, das am 1. Mai 1954 gegründet worden war. Schulze griff natürlich auch auf Neuerungen anderer Bahnverwaltungen zurück, wie z.B. die von seinem westdeutschen Kollegen Friedrich Witte (23.01.1900–25.12.1977), der als Dezernent bei der Deutschen Bundesbahn bereits 1953 seine »Neuen Baugrundsätze für Dampflokomotiven« in der Fachpresse publiziert hatte.

▲ **Bei der Entwicklung der Baureihe 50.40 wurden zahlreiche Baugruppen der Baureihe 23.10 verwendet. Kein Wunder also, dass die Baureihe 50.40 auch äußerlich der Baureihe 23.10 ähnelte.** *Foto: Slg. K.-J. Kühne*

Die von Hans Schulze am 22. Februar 1956 vorgestellten »Richtlinien für die Entwicklung moderner Dampflokomotiven« waren hingegen den Verhältnissen in der DDR angepasst und unterschieden sich teilweise erheblich von den Vorstellungen Wittes, vor allem beim Kessel und der Gestaltung der Loks. Zu den Kernpunkten der neuen Baugrundsätze zählten der geschweißte Blechrahmen und der geschweißte Kessel, der eine deutlich größere Rostfläche für die Verfeuerung von Briketts erhielt. Um die spezifische Heizflächenbelastung und damit die Leistung des Kessels zu erhöhen, war bei größeren Dampferzeugern der Einbau einer Verbrennungskammer vorgesehen. Außerdem sprach sich Hans Schulze für die Verwendung eines Heißdampfreglers sowie den Einbau einer Mischvorwärmer-Anlage (MV) aus. Die MV-Anlage bot zwei Vorteile: Zum einen gewährleistete sie eine deutlich bessere Vorwärmung des Kesselspeisewassers, zum anderen vergrößerte sich durch die Rückgewinnung eines Teils des Maschinenabdampfes der Aktionsradius der Lok. Außerdem legte Hans Schulze großes Augenmerk auf die optimale Gestaltung der dampfführenden Leitungen zur Verringerung der Strömungsverluste, die Verbesserung der Arbeitsbedingungen für das Personal und die weitgehende Anwendung der Schweißtechnik. Eine wichtige Rolle spielte auch die Optik der Maschinen. Im Gegensatz zu Friedrich Witte, der mit der Ästhetik der Einheitsloks radikal brach, lehnten sich die Ingenieure der DR an die von Richard Paul Wagner geprägten Gestaltungsmerkmale an. Die Neubauloks der DR und auch die späteren Reko-Maschinen (siehe Kapitel 5) erhielten zwar die kleinen Windleitbleche der Bauart Witte, allerdings blieben die Umlaufschürze und der Rauchkammer-Zentralverschluss erhalten. Zum Markenzeichen der Neubau- und Rekoloks wurde aber der Mischkasten der MV-Anlage der Bauart »Institut für Schienenfahrzeuge« (IfS), der vor dem Schornstein seinen Platz fand und den DR-Maschinen ihre unverwechselbare Silhouette verlieh.

Die von Hans Schulze formulierten Baugrundsätze bewährten sich im Großen und Ganzen in der Praxis, auch wenn sie in einigen Details modifiziert wurden. Der Heißdampfregler erfüllte nicht die Erwartungen. Stattdessen wurde weiterhin der Nassdampfregler der Bauart Schmidt & Wagner verwendet. Das galt

Hans Schulze

Hans Schulze erblickte am 8. Juli 1903 in Sangerhausen das Licht der Welt. Nach dem Maschinenbau-Studium an der TH Charlottenburg (1922–1927) begann er als Bauführer bei der DRG. Er legte die Staatsprüfung mit Auszeichnung ab und erhielt den Preußischen Staatspreis. Danach war er kurze Zeit bei der MAN beschäftigt. 1931 bestimmte ihn die DRG zum Vorsteher des Bw Trier.

▲ **Hans Schulze (rechts) im Jahr 1957 auf dem Führerstand einer Neubaudampflok (vermutlich 50 4002).** *Foto: Sammlung A. Gottwaldt*

Hierauf arbeitete er kurz im RAW Halle (Saale), bevor Hans Schulze von 1933 bis 1936 dem RZA in Berlin angehörte. Die nächsten beruflichen Stationen hießen Essen, Worms und Kaiserslautern. Im Jahr 1940 ernannte man ihn zum Vorstand eines Maschinenamtes in Lothringen. In der Haupteisenbahn-Direktion Kiew war Schulze seit 1942 als Dezernent tätig. 1945 kam er in sowjetische Kriegsgefangenschaft, doch bereits 1947 entließ man ihn aufgrund einer Erkrankung des Herzens. Allerdings gelangte Schulze erst am 1. Mai 1953 als Referent im TZA wieder in die Dienste der DR. Dort fungierte er ab 1956 als Hauptfachgruppenleiter. Als »Referent für die Bauart der Dampf- und Diesellokomotiven« hatte Hans Schulze maßgeblichen Einfluss auf die Entwicklung der Neubau- und Reko-Dampfloks. Nachdem das TZA aufgelöst worden war, erhielt Hans Schulze ab 1960 die Zuständigkeit für das Maschinenwesen bei den Schmalspurbahnen. Hans Schulze verstarb am 5. Oktober 1962 während einer Dienstreise in Putbus auf der Insel Rügen.

▼ **Die beiden Baumuster der Baureihe 23.10 unterschieden sich u.a. durch den größeren Mischkasten, den Heißdampfregler und die anders gestaltete Frontschürze von den Serienmaschinen.** *Foto: Slg. J. Töpelmann, Archiv transpress*

auch für die auf dem Umlauf montierten Sandkästen bei den Baureihen 65.10 und 83.10. Die DR hielt weiterhin an dem bewährten Zentralsandkasten auf dem Kesselscheitel fest. Der zunächst noch vorgesehene Speisedom konnte nach der erfolgreichen Anwendung der inneren Speisewasseraufbereitung entfallen. Die meisten Neubau-, Reko- und Ersatzkessel erhielten daher anstelle des Speisedoms zwei Speiseventile auf dem Kesselscheitel.

Doch nicht nur die Entwicklung der Baugrundsätze dauerte vergleichsweise lange. Ebenfalls viel Zeit verging, bis aus den ersten Überlegungen der DR für neue Dampfloks ein präziser Typenplan entstand. Zunächst verfolgte die DR das Konzept einer Universal-Maschine, das zur Entwicklung der Baureihe 25 (siehe S. 34 f.) führte. Ab 1950 benötigte die DR zusätzlich eine Tenderlok für den schweren Personenzugdienst und für den Einsatz auf Nebenbahnen. Die Konstruktion dieser als Baureihen 65.10 (siehe S. 38 f.) und 83.10 (siehe S. 40 f.) bezeichneten Typen übernahm zunächst der LEW Hennigsdorf. Parallel dazu arbeitete auch das Zentrale Konstruktionsbüro (ZB) der Vereinigung der Lokomotiv- und Waggonbauindustrie (LOWA) an mehreren Tenderloks, deren erste Entwürfe im Juni 1952 vorlagen.

Erst 1953 bündelte die DR die Arbeiten. Dies übernahm das von Richard Lichtenfeld geleitete TA, das (wie zuvor erwähnt) 1954 zum TZA umgewandelt wurde. Das TZA schuf als beratendes Gremium den so genannten »Lokausschuss«, in dem die Entwürfe fortan beraten wurden. Von den ersten Ideen wurden ab 1952 nur noch die Baureihen 65.10 und 83.10 verfolgt. Die Universallok spielte keine Rolle mehr. Dies schlug sich auch in dem ersten Typenplan für die DR-Neubauloks nieder, den der Chef des ZB, Johannes Töpelmann, am 10. Dezember 1952 abnahm. Der Lokausschuss beschäftigte sich zwei Tage später mit den Entwürfen des ZB. Dazu gehörten neben den später umgesetzten Projekten L-Sk-387 (Baureihe 23.10), L-Sk-390 (Baureihe 65.10) und L-Sk-391 (Baureihe 83.10) noch eine schwere 2´C1´h4v-Schnellzugdampflok (L-Sk-386, Baureihe 01.20), eine 1´C2´h2-Nebenbahntenderlok (L-Sk-389, Baureihe 66.10), eine Eh2-Rangierlok (L-Sk-392, Baureihe 82.10) und eine 1´Eh2-Güterzuglok (L-Sk-388, Baureihe 42neu).

Mit diesen Typen wollte die DR ihren Lokpark grundlegend modernisieren, doch dies scheiterte an der sozialistischen Planwirtschaft. Die Staatliche Plankommission (SPK) teilte der DR am 30. Juli 1953 mit, dass die Schienenfahrzeug-Industrie der DDR ausgelastet sei. Lediglich der LKM Babelsberg könne Aufträge der DR übernehmen. Doch damit konnte der Bedarf der DR kaum gedeckt werden. Der Minister für Eisenbahnwesen, Roman Chwalek (24.07.1898–27.11.1974), schätzte den Bedarf an Neubauloks auf zunächst 100 Stück pro Jahr und ab 1956 auf jährlich 200 Exemplare. Dies deckte sich im Wesentlichen mit den Zahlen des am 10. Februar 1954 vorgelegten »Ministerratsbeschlusses über den Neubau von Dampflokomotiven«. Hans Schulze erklärte in diesem Dokument, dass die DR bis 1960 fast ausschließlich Dampfloks in der Zugförderung einsetzen werde. Dafür benötigte die DR 3.770 Maschinen. Einschließlich der notwendigen Reserven ergab das einen Mindestbestand von 5.500 Loks. Allerdings waren rund 3.900 Maschinen älter als 35 Jahre. Zur Aufrechterhaltung des Betriebes benötigte die DR daher bis 1960 mindestens 1.100 Maschinen.

Diese Forderungen stießen jedoch bei der SPK und dem Ministerrat der DDR auf taube Ohren, da die Wirtschaftslenker im Zentralkomitee (ZK) der Sozialistischen Einheitspartei Deutschlands (SED) völlig andere Schwerpunkte gesetzt hatten. Obwohl die Eisenbahn das wichtigste Verkehrsmittel in der DDR war, spielte sie nur eine untergeordnete Rolle in den Plänen der SED. Daran sollte sich auch bis zum Ende der DDR kaum etwas ändern. Im ersten Fünfjahrplan (1950–1955) räumte die SED dem Aufbau einer leistungsstarken Grundstoff- und Schwerindustrie absoluten Vorrang ein. Daraufhin kürzte die SPK die Stahlkontingente und Produktionskapazitäten für die DR in der volkseigenen Industrie auf ein Minimum zusammen. Die zur Verfügung stehenden Ressourcen reichten lediglich für etwa 300 Maschinen. Dies führte dazu, dass die DR im Sommer 1954 ihren Typenplan erheblich zusammenstrich und nur noch die Entwicklung der Baureihen 23.10, 65.10 und 83.10 beendete. Die zunächst geplante Baureihe 42neu wurde später durch die Baureihe 50.40 (siehe S. 36 f.) ersetzt. Doch mit diesen vier Baureihen war eine spürbare Verbesserung im Betriebs- und Werkstättendienst kaum möglich. Die DR griff daher zur Selbsthilfe und begann ab 1957 in ihren Reichsbahnausbesserungswerken (Raw) mit

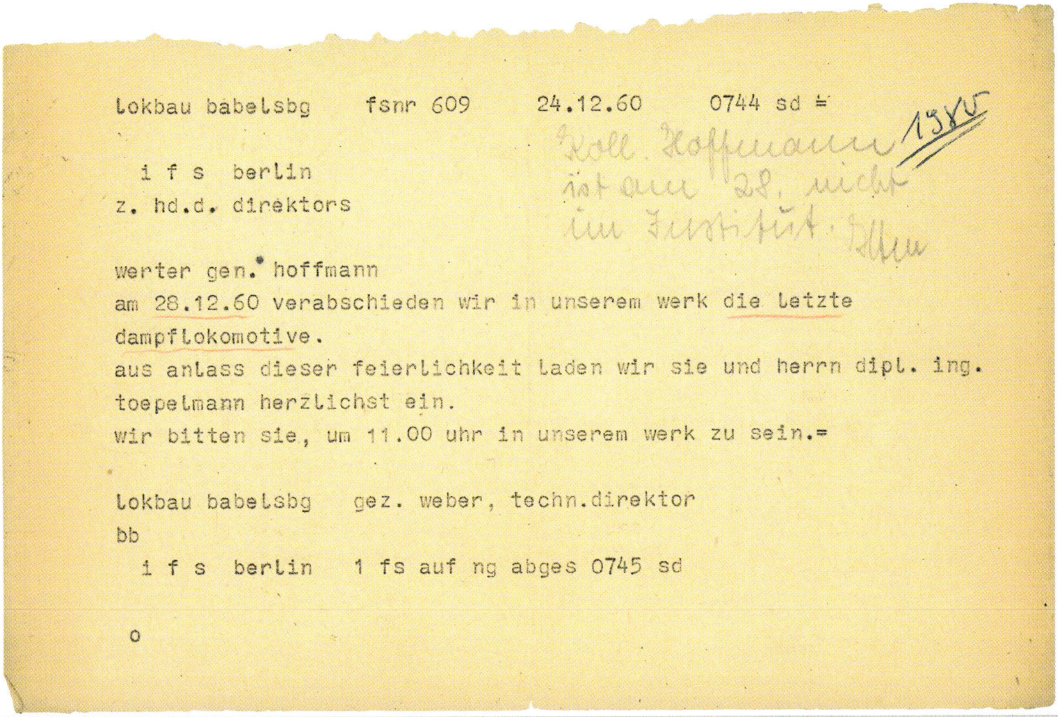

lokbau babelsbg fsnr 609 24.12.60 0744 sd =

i f s berlin
z. hd.d. direktors

Koll. Hoffmann ist am 28. nicht im Institut.

werter gen. hoffmann
am 28.12.60 verabschieden wir in unserem werk die letzte dampflokomotive.
aus anlass dieser feierlichkeit laden wir sie und herrn dipl. ing. toepelmann herzlichst ein.
wir bitten sie, um 11.00 uhr in unserem werk zu sein.=

lokbau babelsbg gez. weber, techn.direktor
bb
i f s berlin 1 fs auf ng abges 0745 sd

o

▲ **Der LKM Babelsberg lud am 24. Dezember 1960 den Direktor des IfS und den Chefkonstrukteur Johannes Töpelmann zur Verabschiedung der 50 4088 als letzte Neubau-Dampflok der DR zu einer Feierstunde ein.** *Abbildung: Slg. J. Töpelmann, Archiv transpress*

dem großangelegten Generalreparatur- und Reko-Programm (siehe Kapitel 5), bei dem die Erfahrungen der Neubauloks genutzt wurden.
Ein weiteres Problem bei der Umsetzung des Neubaulok-Programms war die Einmischung der SED. Vor allem Günter Mittag (08.10.1926–18.03.1994), seit Oktober 1953 Leiter der Abteilung Eisenbahn, Verkehr und Verbindungswesen im ZK der SED, übte massiven Druck auf die DR aus. Nachdem die Sowjetunion und Polen 1956 den Bau neuer Dampfloks zu Gunsten von Dieselloks eingestellt hatten, forderte er das Gleiche von der DR. Dabei spielte für Mittag keine Rolle, dass Dieselkraftstoff in der DDR relativ teuer war sowie leistungsfähige Getriebe und Motoren für Dieselloks erst entwickelt werden mussten. Obwohl Fachleute der DR immer wieder auf diese Tatsachen hinwiesen, hielt Günter Mittag an seiner Forderung fest. Die DR fügte sich und brach 1956 die Konstruktion neuer Dampfloks ab. Mit der Übergabe der 50 4088 an die DR endete schließlich am 28. Dezember 1960 der Dampflokbau in der DDR. Die Weiterentwicklung und Modernisierung der DR-Dampfloks war allerdings aufgrund der betrieblichen Notwendigkeiten noch nicht abgeschlossen und wurde unter dem Deckmantel der »Rekonstruktion« (siehe Kapitel 4) bis 1967 fortgesetzt.

3.1 Die Baureihe 23.10

Die DR benötigte dringend eine neue Personenzuglok, die in erster Linie die Maschinen der Baureihe 38.10–40 (ex preußische P 8) ablösen sollte. Wie oben beschrieben, wollte die DR eine Universallok beschaffen. Dieses Vorhaben wurde jedoch mit dem 1952 aufgestellten Typenplan zu Gunsten einer 1´C1´h2-Schlepptenderlok aufgegeben. 1953 begann die Entwicklung der Baureihe 23.10. Als Vorbild diente dabei die noch von der DRG beschaffte Einheitslok der Baureihe 23, deren Baumuster bei der DR verblieben waren (siehe S. 82. f.). Beide Typen stimmten daher in wichtigen technischen Parametern überein. Für die Konstruktion der Baureihe 23.10 war das IfS verantwortlich, dass natürlich die von Hans Schulze aufgestellten neuen Baugrundsätze berücksichtigte. Die Baureihe 23.10 erhielt einen geschweißten Blechrahmen, einen für die Verfeuerung von Braunkohle ausgelegten Verbrennungskammer-Kessel, eine MV-Anlage der Bauart IfS mit einer Verbund-Mischpumpe (VMP-Pumpe) und kleine Windleitbleche. Eine Neuentwicklung war auch der geschweißte Tender der Bauart 2´2´T 28, der 10 t Brennstoff und 28 m^3 Wasser fasste. Zahlreiche Baugruppen der 23.10 wurden für die parallel entwickelte Güterzuglok der Baureihe 50.40 (siehe S. 36 f.) übernommen. Bei der Konstruktion der Baureihe 23.10 berücksichtigten die Ingenieure des IfS und der DR auch die bei den Baureihen 65.10 und 83.10 gemachten Erfahrungen, so dass den Eisenbahnern ähnlich böse Überraschungen erspart blieben.

▲ Die Baureihe 23.10 (ab 1970: 35.10) war die beste Neubau-Dampflok der DR. Die mustergültig gepflegte 35 1017-9 des Bw Halberstadt wartete am 8. Februar 1974 in Magdeburg Hbf auf das Abfahrsignal. *Foto: Archiv D. Endisch*

▼ **Baureihe 23.10** *Zeichnung: Archiv transpress*

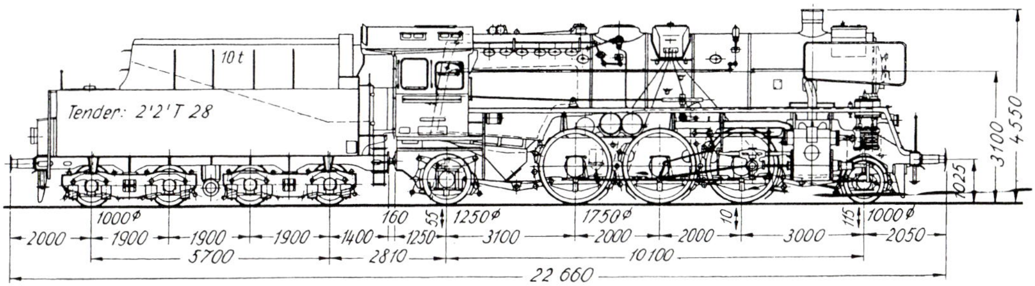

Im Frühjahr 1957 lieferte der LKM Babelsberg die beiden Baumuster aus, die anschließend bei der Fahrzeug-Versuchsanstalt (FVA) Halle einer gründlichen Erprobung unterzogen wurden. Dabei erwies sich die Baureihe 23.10 als eine ausgezeichnete Konstruktion. Die Zugkraft der Neubaulok war je nach Geschwindigkeitsbereich 45 bis 60 % höher als bei der P 8. Die effektive Leistung der Baureihe 23.10 war 17 % höher als die der Einheitslok (Baureihe 23). Damit reichte die Neubaulok sogar in den Zugkraftbereich der Baureihe 03 hinein. Dies machte der sehr leistungsfähige Kessel möglich, der bei einer Heizflächenbelastung von 70 kg/m²h bis zu 11 t Dampf in der Stunde erzeugen konnte. Die Baureihe 23.10 galt damit völlig zu Recht als die beste Neubau-Dampflok der DR. Für die Serienfertigung waren nur kleinere Änderungen notwendig. Dies betraf u.a. die MV-Anlage, deren klobiger Mischkasten durch einen kleineren der so genannten »neueren Bauform« ersetzt wurde. Außerdem entfiel der bei den Baumustern noch vorhandene Speisedom.

Bereits 1958 begann die Serienfertigung der Baureihe 23.10, von der die DR bis 1959 insgesamt 113 Loks beschaffte. Die Personale waren von der Neubaulok aufgrund ihrer Laufruhe, der Leistung und des sehr guten Kessels begeistert. Einsatzschwerpunkte der Baureihe 23.10 waren die Bahnbetriebswerke Berlin Ostbahnhof, Cottbus, Dresden, Halle P, Neubrandenburg, Nossen und Schwerin. Meist bespannten die Maschinen Schnell- und Eilzüge. Aber auch Eilgüter- und schwere Personenzüge gehörten zu den Aufgaben der Neubauloks, die mit der Einführung der EDV-gerechten Betriebs-Nummern im Jahr 1970 zur Baureihe 35.10 umgezeichnet wurden. Bereits Mitte der 1970er-Jahre verloren die Neubau-Maschinen durch die Indienststellung der Dieselloks der Baureihen 110 und 118 an Bedeutung. Im Mai 1977 beendete das Bw Nossen den Planeinsatz der Baureihe 35.10.

Die Energiekrise in der DDR verhalf der Museumslok 35 1113-6 zu einem kurzzeitigen Comeback. Zwischen 1982 und 1985 bespannte das Bw Nossen mit der Maschine an Wochenenden Personen- und Eilzüge nach Dessau.

Neben der 35 1113-6, die seit Ende 2007 wieder im ehemaligen Bw Nossen betreut wird, blieben außerdem 35 1019-5 (Lausitzer Dampflok-Club Cottbus), 35 1021-1 (Eisenbahnmuseum Prora) und 35 1097-1 (BSW-Gruppe Glauchau) der Nachwelt erhalten. Auf Sonderfahrten dokumentieren die betriebsfähigen 35 1019-5 und 35 1097-1 immer wieder eindrucksvoll das Leistungsvermögen ihrer Baureihe.

TECHNISCHE DATEN

Bauart		1'C1'h2
Betriebsgattung		P 35.18
Länge ü. Puffer (Tender 2'2' T 28)	mm	22.600
Höchstgeschwindigkeit v/r	km/h	110/50
Zylinderdurchmesser	mm	550
Kolbenhub	mm	660
Treib- und Kuppelraddurchmesser	mm	1.750
Laufraddurchmesser v/h	mm	1.000/1.250
Kesselüberdruck	kp/cm²	16
Rostfläche	m²	3,71
Verdampfungsheizfläche	m²	159,6
Dienstmasse (2/3 Vorräte)	t	138,0
Brennstoffvorrat	t	10
Wasserkasteninhalt	m³	28
indizierte Leistung	PS_i	1.600
indizierte Zugkraft (0,8)	Mp	14,6

3.2 Die Baureihen 25 und 25.10

Die Baureihen 25 und 25.10 waren die ersten Neuentwicklungen der DR nach dem Zweiten Weltkrieg. Die Anfänge beider Typen reichen zurück bis in das Jahr 1945, als die DR für den Einsatz im Personen- und Güterzugdienst die Beschaffung einer Universallok anstrebte. Dieses Vorhaben nahm jedoch erst im Frühjahr 1950 konkrete Gestalt an, als die DR den LEW Hennigsdorf mit der Entwicklung einer 1´Dh2-Schlepptenderlok beauftragte. Mit der Baureihe 25 hatte die DR viel vor, denn sie sollte gleichzeitig die Baureihen 38.10–40, 41 und 50 ersetzen. Gleichzeitig diente die Baureihe 25 der DR als Erprobungsträger, denn die Hennigsdorfer Ingenieure sollten drei verschiedene Varianten der 1´Dh2-Maschine konstruieren: eine mit normaler Rostfeuerung, eine mit einer Kohlenstaubfeuerung der Bauart Wendler (siehe Seite 12 ff.) und eine mit einer mechanischen Rostbeschickung (»Stoker« genannt). Die Konstruktionsarbeiten an der Baureihe 25 übernahm 1951 das ZB in Berlin-Wildau, das für die Maschinen einen Blechrahmen, einen großzügig ausgelegten Kessel und eine MV-Anlage vorsah. Am 21. Mai 1951 bestellte die DR schließlich drei Prototypen der Baureihe 25. Der Auftrag für die rostgefeuerte Maschine wurde jedoch wenig später wieder storniert.

Mit der Ausarbeitung des Typenplans für die Neubau-Dampfloks der DR im Verlauf des Jahres 1952 spielte die Baureihe 25 in den weiteren Überlegungen der DR keine Rolle mehr. Das Konzept der Universallok wurde zu Gunsten spezieller Typen verworfen. Dieser Sinneswandel wirkte sich natürlich auch auf den Fortgang der Arbeiten an der Baureihe 25 aus. Erst im Sommer 1954 nahmen die beiden Baumuster im LKM Babelsberg Gestalt an. Die mit einer Stokerfeuerung ausgerüstete 25 001 stand zum ersten Mal am 3. August 1954 unter Dampf und wurde auf der Herbstmesse 1954 in Leipzig der Öffentlichkeit präsentiert. Im Frühjahr 1955 stellte der LKM Babelsberg dann die kohlenstaubgefeuerte 25 1001 fertig.

Die DR zeigte allerdings an den beiden Maschinen nur noch wenig Interesse, was nicht nur den Fertigungsmängeln und konstruktiven Fehlern geschuldet war. Eine exakte messtechnische Untersuchung der beiden

▲ **Der LKM Babelsberg präsentierte die fabrikneue 25 001 auf der Leipziger Herbstmesse 1954.** *Foto: Slg. H.-G. Kleine, Archiv transpress*

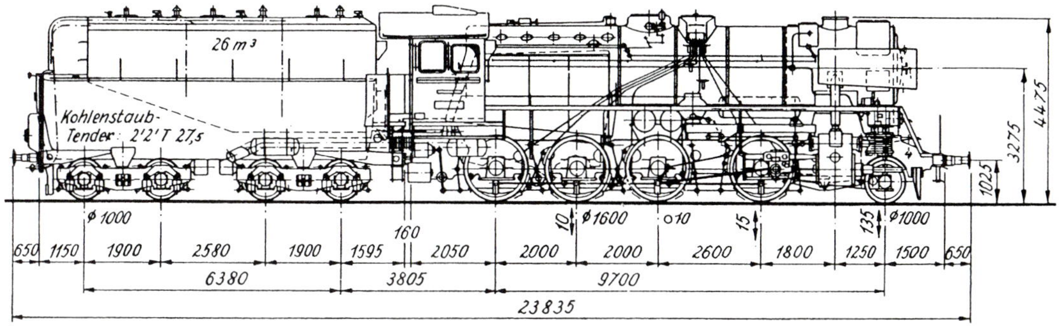

▲ **Die Baureihe 25.10 mit Kohlenstaub-Wannentender der Bauart 2´2´T27,5** *Zeichnung: Archiv transpress*

Loks unterblieb. Das Bw Halle P setzte lediglich 25 001 im Auftrag der FVA Halle kurzzeitig vor Schnellzügen auf der Strecke Halle (Saale)–Eisenach ein. Zwar beeindruckte der Kessel durch seine Verdampfungsleistung, doch das Laufverhalten ließ zu wünschen übrig. Außerdem war die Stoker-Einrichtung sehr störanfällig, so dass 25 001 bereits 1956 abgestellt und 1958 mit einer Kohlenstaubfeuerung (umgezeichnet in 25 1002) ausgerüstet wurde.

Doch 25 1001 war kaum erfolgreicher. Die am 25. Juli 1955 abgelieferte Lok wartete zunächst über drei Monate im Raw Karl-Marx-Stadt auf die Endabnahme, die sich aufgrund zahlreicher Mängel immer wieder verzögerte. Erst im November 1955 absolvierte die Kohlenstaublok ihre ersten Einsätze im Thüringer Wald. Auch 25 1001 beeindruckte durch ihren leistungsfähigen Kessel und ihr Beschleunigungsvermögen. Doch das Laufverhalten war ebenfalls nur mäßig. Außerdem musste die Lok in den folgenden Wochen immer wieder zu Nacharbeiten nach Babelsberg.

Eine grundlegende Überarbeitung der beiden 25er unterblieb jedoch. Die DR schob die Maschinen fortan von einer Dienststelle zur nächsten. Bis 1960 setzte das Bw Arnstadt die beiden Loks im Personenzugdienst ein. Anschließend waren sie in Senftenberg stationiert. Dort wurde jedoch meist nur 25 1002 eingesetzt, während 25 1001 als Reserve diente. Ende 1962 gab Senftenberg die beiden 25er wieder nach Arnstadt zurück, wo sie im September 1967 aus dem Betriebspark gestrichen wurden. Die Laufleistungen der 25 1001 und 25 1002 waren mit rund 278.000 bzw. 248.000 km äußerst gering.

TECHNISCHE DATEN

		25	25.10
Bauart		1´Dh2	1´Dh2
Betriebsgattung		P 45.18	P 45.18
Länge ü. Puffer (Tender 2´2´T 30)	mm	23.300[1]	23.835[5]
Höchstgeschwindigkeit v/r	km/h	100/50	100/50
Zylinderdurchmesser (HD/ND)	mm	600	600
Kolbenhub	mm	660	660
Treib- und Kuppelraddurchmesser	mm	1.600	1.600
Laufraddurchmesser v	mm	1.000	1.000
Kesselüberdruck	kp/cm^2	16	16
Rostfläche	m^2	3,87	3,76
Verdampfungsheizfläche	m^2	171,8	158,6
Dienstmasse (2/3 Vorräte)	t	86,1[2]	89,0[2]
Brennstoffvorrat	t	12[3]	11,5[6]
Wasserkasteninhalt	m^3	30[4]	27,5

Anmerkungen:

1 nach Umbau auf Kohlenstaubfeuerung: 22.695 mm (mit Tender 2´2´ T 28 Kst)

2 ohne Tender

3 nach Umbau auf Kohlenstaubfeuerung: 10 t Kohlenstaub (23 m^3)

4 nach Umbau auf Kohlenstaubfeuerung: 28 m^3

5 mit Tender 2´2´T 27,5 Kst

6 Kohlenstaub (26 m^3)

▲ **Die Güterzugloks der Baureihe 50.40 waren in erster Linie in den Reichsbahndirektionen Greifswald und Schwerin stationiert. 50 4060 des Bw Wismar pausierte am 14. Oktober 1960 in ihrer Heimat-Dienststelle.** *Foto: P. Gericke, Archiv D. Endisch*

3.3 Die Baureihe 50.40

Mit der Indienststellung der 50 4088 am 4. Januar 1961 endete bei der DR die Beschaffung von Neubau-Dampfloks. Dabei war die Baureihe 50.40 in dem 1952 aufgestellten Typenplan gar nicht enthalten.

Die DR benötigte Anfang der 1950er-Jahre eine leistungsfähige Güterzuglok, die in erster Linie die alten Länderbahn-Maschinen der Baureihen 55.16–22, 55.25–56, 56.2–8, 56.20–29, 57.10–40 und 58 ersetzen sollte. Außerdem strebte die DR eine teilweise Ablösung der Kriegsloks der Baureihe 52 an. Der von Johannes Töpelmann 1952 vorgelegte Entwurf der Baureihe 42neu sah eine 1´Eh2-Maschine mit asymmetrischem Achsstand, einer Achsfahrmasse von 18 t und einem Wannentender mit 34 m^3 Wasser und 14 t Kohle vor. Eine Entscheidung über den Bau dieser Type vertagte die DR jedoch, da es über die Notwendigkeit der Baureihe 42neu unterschiedliche Meinungen gab. Dies zeigte auch die 1954 durchgeführte Befragung der acht Reichsbahndirektionen. Sechs Direktionen meldeten Bedarf an einer Güterzuglok mit 15 t Achsfahrmasse an. Diese sollte den Bestand der Baureihen 50 und 52 ergänzen. Lediglich zwei Direktionen sprachen sich für die Baureihe 42neu aus. Im Sommer 1954 nahmen die Beratungen zu diesem Thema eine Wendung: Da der Leistungsunterschied zwischen den Baureihen 42 neu und 50/52 verhältnismäßig gering war, wollte die DR eine schwere kohlenstaubgefeuerte 1´E1´h3-Güterzuglok (Baureihe 45neu) beschaffen. Dieser plötzliche Sinneswandel rief jedoch Erwin Kramer (11.08.1902–10.11.1979), den Minister für Verkehrswesen, auf den Plan. Kramer untersagte die Entwicklung der Baureihe 45neu und ordnete stattdessen die Entwicklung einer 1´Eh2-Güterzuglok mit 15 t Achsfahrmasse an. Damit waren die Weichen für die Baureihe 50.40 gestellt. Um Zeit zu sparen, wurden zahlreiche Teile der Baureihen 23.10 und 65.10 für die 50.40 verwendet. Von der Baureihe 23.10 wurden u.a. Kessel, Tender und Führerhaus übernommen. Die Neubau-50er stimmte außerdem in zahlreichen Abmessungen mit den Baureihen 50 und 52 überein. Bereits im Sommer 1955 war die

▼ **Baureihe 50.40** *Zeichnung: Archiv transpress*

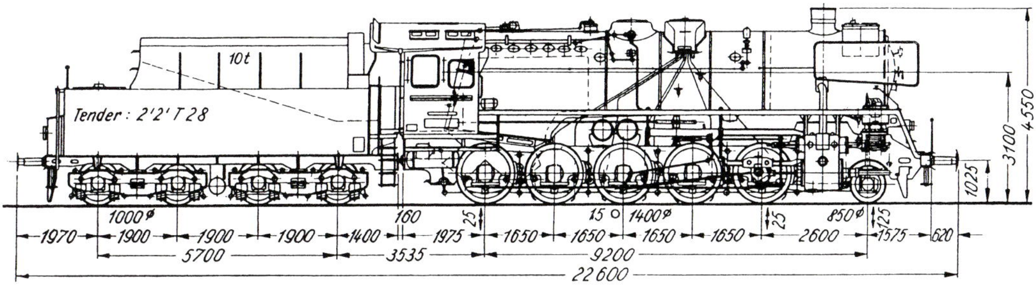

Konstruktion der Baureihe 50.40 weitgehend abgeschlossen, so dass die DR am 10. September 1955 die beiden Baumuster in Auftrag geben konnte. Ein gutes Jahr später, im Oktober 1956, lieferte der LKM Babelsberg 50 4001 und 50 4002 an die DR. Zunächst folgten die obligatorischen Versuchsfahrten durch die VES-M Halle (Saale). Die Maschine beeindruckte dabei durch ihren sehr leistungsfähigen Kessel. Die effektive Leistung der Baureihe 50.40 war rund 150 PS höher als bei der Altbau-50er. Mit einem Gesamtwirkungsgrad von 7,25 % gehörte die Neubau-50er zu den besten deutschen Dampfloks. Doch diese vorzüglichen Ergebnisse konnten nicht über die Achillesferse der Konstruktion hinwegtäuschen: Der Blechrahmen war zu schwach dimensioniert. Die seitens der FVA Halle (Saale) empfohlene Verstärkung des Rahmens wurde aber nicht konsequent umgesetzt.

Noch während der Testfahrten wurden die Zeichnungen der Baureihe 50.40 für die Serienfertigung überarbeitet. Wesentliche Änderungen waren der Entfall des Speisedoms und des Heißdampfreglers sowie der Einbau eines kleineren Mischkastens. Eine grundlegende Überarbeitung des Rahmens unterblieb.

Bereits in der zweiten Jahreshälfte 1959 begann der LKM Babelsberg mit dem Bau der 50.40, von der 1959 noch zwölf Maschinen in Dienst gestellt wurden. Die anderen 74 Loks folgten dann bis Anfang 1961. Die DR konzentrierte die Baureihe 50.40 zunächst in den Bahnbetriebswerken Neubrandenburg, Neustrelitz, Rostock, Schwerin, Stralsund und Wittenberge, wo sie bevorzugt im schweren Güterzugdienst eingesetzt wurden. Dies führte relativ schnell zu Schäden an den zu schwachen Blechrahmen. Ab Mitte der 1960er-Jahre zog die DR die Neubau-50er in der Rbd Schwerin zusammen. Die meisten Loks waren in Güstrow, Hagenow Land und Wittenberge stationiert. Mit Beginn des Sommerfahrplans 1979 setzte lediglich noch die Einsatzstelle (Est) Parchim des Bw Wittenberge einige Exemplare der Baureihe 50.40 ein. Im November 1980 war auch dies Geschichte. Leider blieb keine Neubau-50er als Museumslok komplett erhalten. Das Bayerische Eisenbahn-Museum Nördlingen erwarb 1991 die als Dampfspender genutzte 50 4073, die langfristig als Schaustück aufgearbeitet werden soll.

TECHNISCHE DATEN

Bauart		1'E h2
Betriebsgattung		G 56.15
Länge ü. Puffer (Tender 2'2' T 28)	mm	22.600
Höchstgeschwindigkeit v/r	km/h	80/50
Zylinderdurchmesser	mm	600
Kolbenhub	mm	660
Treib- und Kuppelraddurchmesser	mm	1.400
Laufraddurchmesser v	mm	850
Kesselüberdruck	kp/cm^2	16
Rostfläche	m^2	3,71
Verdampfungsheizfläche	m^2	159,6
Dienstmasse (2/3 Vorräte)	t	136,7
Brennstoffvorrat	t	10
Wasserkasteninhalt	m^3	28
indizierte Leistung	PS_i	1.760
indizierte Zugkraft (0,8)	Mp	21,72

▲ **Typisch für die Tenderloks der Baureihe 65.10 war der mit 9 t großzügig bemessene Brennstoffvorrat. 65 1030-9 des Bw Altenburg ergänzte am 25. August 1977 in Gera Hbf ihren Wasservorrat.** *Foto: H.-G. Kleine, Archiv transpress*

3.4 Die Baureihe 65.10

Mit der Baureihe 65.10 beschaffte die DR die erste Neubau-Dampflok aus dem Typenprogramm von 1952. Die ersten Überlegungen für 1´D 2´h2t-Maschinen waren jedoch wesentlich älter. Bereits 1950 benötigte die DR eine schwere Personenzugtenderlok, die insbesondere die variantenreichen Baureihen 74, 75, 78, 86, 93 und 94 ablösen sollte. Aus diesem Grund beauftragte die DR bereits am 4. Februar 1951 den LEW Hennigsdorf mit der Entwicklung einer 1´D 2´h2t-Maschine. Im Juni 1952 lagen dann die ersten Zeichnungen für die Baureihe 65.10 vor. Diese Entwürfe griff das ZB in Berlin-Wildau für das Typenprogramm der DR auf. Das am 12. Dezember 1952 vorgelegte Projekt L-Sk-390 diente dann als Grundlage für die Konstruktion der Baureihe 65.10, die 1953 im IfS begann. Bereits am 2. Oktober 1953 teilte das IfS dem TZA mit, dass die Arbeiten im Wesentlichen abgeschlossen seien. Zu diesem Zeitpunkt war die Entscheidung für die Beschaffung der Baureihe 65.10 seitens der DR allerdings noch nicht gefallen. Erst am 23. Dezember 1953 gab die DR die beiden Baumuster in Auftrag. Als im Sommer 1954 die beiden Prototypen beim LEW Hennigsdorf Gestalt annahmen, wurde an den Zeichnungen noch immer gearbeitet. Erst am 29. Juni 1954 wurde die letzte Blaupause abgenommen.

Wenige Wochen später wurde die 65 1001 auf der Leipziger Herbstmesse 1954 der Öffentlichkeit vor gestellt. Doch bei der Erprobung erfüllte die Maschine die großen Erwartungen, die man in sie gesetzt hatte, zunächst nicht. Die Versuchsfahrten der FVA Halle (Saale) brachten zahllose Mängel ans Tageslicht. Während die Fertigungsmängel in Zusammenarbeit mit dem LKM Babelsberg abgestellt werden konnten, ließen sich nicht alle konstruktiven Fehler beseitigen. Trotzdem zahlten sich die Nacharbeiten aus, wie die Versuchsfahrten mit der 65 1072 zeigten. Der Dampf- und Brennstoffverbrauch konnte erheblich verringert werden. Auch in Sachen

Leistung, Beschleunigung und Zugkraft überzeugte die Baureihe 65.10 endlich. Schwachpunkt der Konstruktion blieb jedoch die mangelhafte Abstimmung zwischen Kessel und Triebwerk. Der Dampferzeuger neigte leicht zum Erschöpfen. Erst der Einbau des Giesl-Ejektors zwischen 1966 und 1968 löste dieses Problem dauerhaft. Trotz der anfänglichen Schwierigkeiten begann noch 1955 die Serienfertigung der Baureihe 65.10. Vier Baulose mit insgesamt 88 Maschinen stellte die DR bis November 1957 in Dienst. Eine Sonderrolle nahm dabei 65 1004 ein, die von 1956 bis 1961 mit einer Kohlenstaubfeuerung der Bauart Wendler (siehe Seite 12 ff.) im Einsatz war.

Die DR konzentrierte die Maschinen zunächst in den Bahnbetriebswerken Halle P und Leipzig Hbf Süd, wo sie meist im Berufsverkehr zum Einsatz kamen. Ab dem Sommer 1956 wurden Arnstadt und Probstzella mit der Baureihe 65.10 bedacht. Die folgenden Lieferungen verteilte die DR u.a. auf die Bahnbetriebswerke Aschersleben, Dresden-Altstadt und Reichenbach. Ab 1961 setzte das Bw Berlin Ostbahnhof die Neubauloks bevorzugt im so genannten »Sputnik-Verkehr« auf dem Berliner Außenring ein. Mit der verstärkten Elektrifizierung und der Beschaffung der ersten Dieselloks Mitte der 1960er-Jahre wechselten einige Maschinen mehrmals ihre Heimat-Dienststellen. Bereits ab 1971 begann der Niedergang der Baureihe 65.10. Vier Jahre später setzten nur noch Altenburg, Arnstadt, Frankfurt (Oder), Güsten (Est Aschersleben), Saalfeld und Nordhausen einige Maschinen im Personenzugdienst ein. Im Herbst 1977 benötigten lediglich noch Altenburg, Arnstadt und Saalfeld die Baureihe 65.10. Ein Jahr später stand im Bw Saalfeld nur noch 65 1049 unter Dampf, die als Reserve- und Heizlok erst im September 1979 ausgedient hatte. Als Museumslok der DR und später der DB AG blieb sie bis heute erhalten. Außerdem sind noch 65 1008 (Pasewalk) und 65 1057 (Berlin) als Schaustücke vorhanden. Beide Maschinen dienten in den 1980er-Jahren als Wärmespender in Löbau und Zittau, bevor sie 1988/89 zur Est Luckau umgesetzt wurden und dort 1991 aus dem Bestand der DR ausschieden.

TECHNISCHE DATEN

Bauart		1'D 2'h2t
Betriebsgattung		Pt 47.17
Länge über Puffer	mm	17.500
Höchstgeschwindigkeit v/r	km/h	90/90
Zylinderdurchmesser	mm	600
Kolbenhub	mm	660
Treib- und Kuppelraddurchmesser	mm	1.600
Laufraddurchmesser v/h	mm	1.000/1.000
Kesselüberdruck	kp/cm²	16
Rostfläche	m²	3,45
Verdampfungsheizfläche	m²	147,44
Dienstmasse (2/3 Vorräte)	t	113,0
Brennstoffvorrat	t	9
Wasserkasteninhalt	m³	16
indizierte Leistung	PS_i	1.500
indizierte Zugkraft (0,8)	Mp	19,01

▼ **Baureihe 65.10 (erstes Baulos mit Heißdampfregler)** *Zeichnung: Archiv transpress*

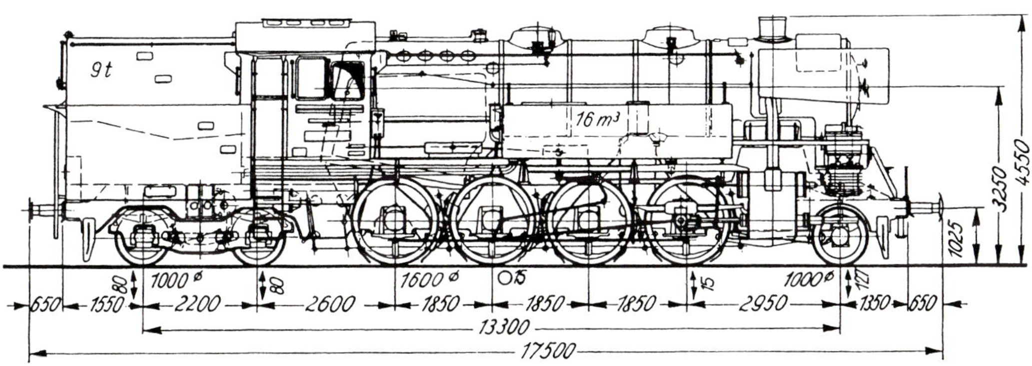

3.5 Die Baureihe 83.10

Die Maschinen der Baureihe 83.10 gelten landläufig als eine Fehlkonstruktion. Diese Einschätzung stimmt jedoch nur bei oberflächlicher Betrachtung.
Nach dem Zweiten Weltkrieg war der Lokpark der DR zersplittert, überaltert und verschlissen. Dies galt besonders für die im Nebenbahndienst eingesetzten Fahrzeuge. Um hier so schnell wie möglich Abhilfe zu schaffen, beauftragte die GD der DR 1950 den LEW Hennigsdorf mit der Entwicklung einer leistungsfähigen Nebenbahn-Tenderlok. Bereits im Februar 1951 lagen die ersten Entwürfe für eine 1´D2´h2t- und eine 1´E1´h2t-Maschine vor. Die Vorschläge wurden jedoch nicht weiterverfolgt. Stattdessen griff die GD zunächst den vom Konstruktionsbüro der LOWA am 26. April 1952 vorgelegten Entwurf einer 1´D2´h2t-Lok auf. Das Projekt nahm dann in den folgenden Wochen konkrete Formen an und wurde im Dezember 1952 im Lokausschuss der DR diskutiert. Zu diesem Zeitpunkt standen bereits wichtige Parameter der Baureihe 83.10 fest, wie z.B. Kuppelraddurchmesser, Geschwindigkeit, Kesseldruck und Vorräte. Mit der Entwicklung der Maschine wurde das Konstruktionsbüro des LKM in Adlershof beauftragt. Die Fertigstellung der Zeichnungen verzögerte sich jedoch. Dennoch schlossen DR und LKM bereits am 23. Dezember 1953 einen Liefervertrag über das Baumuster. Dessen Bau dauerte jedoch bis Anfang 1955. Erst am 19. April 1955 traf die 83 1001 zu den obligatorischen Versuchsfahrten in der FVA Halle (Saale) ein. Die Messfahrten waren ein Desaster: Aufgrund vieler Fertigungsmängel und konstruktiver Fehler mussten die Fahrten immer wieder abgebrochen

▲ Die Baumusterlok 83 1001 war ab 1962 im Bw Haldensleben im Einsatz. Als Jugendlok des Bw Haldensleben stand sie im Sommer 1963 auf Hochglanz poliert in ihrer Heimat-Dienststelle. *Foto: Archiv D. Endisch*

werden. Erst im Herbst 1956 konnten die Versuche abgeschlossen werden. Die effektive Leistung (rund 950 PS) der Baureihe 83.10 reichte für den Nebenbahndienst völlig aus. Allerdings waren die Verbrauchswerte zu hoch und der Kessel neigte leicht zum Erschöpfen.

Die FVA Halle (Saale) empfahl, die Konstruktion gründlich zu überarbeiten. Doch dazu war es im Herbst 1956 schon zu spät. Bereits im Sommer 1955 – also mehr als ein Jahr zuvor – hatte die Serienfertigung der Baureihe 83.10 begonnen, und bis zum Oktober 1955 hatte die DR alle 27 Maschinen in Dienst gestellt. Diese Eile hatte fatale Folgen, zumal Qualitätsmängel des LKM Babelsberg und Konstruktionsfehler nun im laufenden Betrieb beseitigt werden mussten. Die Eisenbahner in den Bahnbetriebswerken Altenburg, Jerichow, Leipzig-Plagwitz und Oschersleben waren die Leidtragenden. Die Rbd Magdeburg konzentrierte die Baureihe 83.10 ab 1956 im Bw Brandenburg-Altstadt, wo die Loks meist auf der ehemaligen Brandenburgischen Städtebahn zum Einsatz kamen. Hier erwiesen sie sich als fast ideale Zugpferde. Ähnlich war es in Haldensleben, wo die Neubauloks ab 1961 zuhause und meist auf den Nebenbahnen rund um Haldensleben zu sehen waren. Anders sah es in Altenburg aus, wo die Maschinen oft im schweren Güterzugdienst verwendet wurden. Diese Einsätze, für die sie eigentlich nicht konstruiert worden war, quittierte die Baureihe 83.10 mit einer erhöhten Schadanfälligkeit. Bereits in der zweiten Hälfte der 1960er-Jahre gingen die Leistungen der Baureihe 83.10 zurück. Im Sommer 1968 setzte die DR die Loks der Rbd Halle zur Rbd Erfurt um. Ein Jahr später gaben einige Neubauloks ein Gastspiel im Bw Aue. Ab 1969 teilten sich die Bahnbetriebswerke Haldensleben und Saalfeld den Bestand. Bereits ein Jahr später schied die erste Lok aus dem Betriebspark aus. Am 26. September 1971 beendete das Bw Haldensleben den Planeinsatz der Baureihe 83.10. Im Mai 1972 stellte das Bw Saalfeld die 83 1010 als letzte ihrer Gattung ab. Als Wärmespender blieben einige Maschinen noch bis 1974 im Bestand, die dann bis 1977 verschrottet wurden.

TECHNISCHE DATEN

Bauart		1´D 2´h2t
Betriebsgattung		G 47.15
Länge über Puffer	mm	15.000
Höchstgeschwindigkeit v/r	km/h	60/60
Zylinderdurchmesser	mm	500
Kolbenhub	mm	660
Treib- und Kuppelraddurchmesser	mm	1.250
Laufraddurchmesser v/h	mm	850/850
Kesselüberdruck	kp/cm²	14
Rostfläche	m²	2,5
Verdampfungsheizfläche	m²	106,16
Dienstmasse (2/3 Vorräte)	t	92,4
Brennstoffvorrat	t	8
Wasserkasteninhalt	m³	14
indizierte Leistung	PS_i	1.100
indizierte Zugkraft (0,8)	Mp	14,78

▼ **Baureihe 83.10 (Anlieferungszustand)** *Zeichnung: Archiv transpress*

3.6 Die Baureihe 99.23–24

Der Lokbestand der meterspurigen Schmalspurbahnen der Reichsbahndirektionen Erfurt und Magdeburg befand sich 1950 in einem desolaten Zustand. Die vorhandenen Maschinen waren meist überaltert und reichten kaum für die Zugförderung auf den Strecken Eisfeld–Schönbrunn sowie der Harzquer- und Brockenbahn aus. Bereits kurz nach der Übernahme der Nordhausen-Wernigeroder Eisenbahn (NWE) und der Gernrode-Harzgeroder Eisenbahn (GHE) forderte die Rbd Magdeburg von der GD der DR die Beschaffung neuer meterspuriger Dampfloks. Doch die GD räumte zunächst der Baureihe 99.77–79 (siehe S. 46 f.) für die 750 mm-Strecken in Sachsen Vorrang ein. Erst in der zweiten Jahreshälfte 1950 legte die GD einen Typenplan für Meterspur-Maschinen vor. Dieser sah je eine 1´E1´h2-Tenderlok mit 14 t und mit 10 t Achsfahrmasse sowie eine 1´D1´h2t mit 9 t Achsfahrmasse vor. Wenig später erhielt der LKM Babelsberg den Auftrag für die Entwicklung der 1´E1´h2t-Maschinen der Baureihe 99.23–24. Deren technische Parameter sollten mit denen der Einheitslok der Baureihe 99.22 übereinstimmen. Außerdem waren für die Neubauloks ein geschweißter Blechrahmen, ein Kessel mit vergrößertem Rost zur Verfeuerung von Braunkohle und eine MV-Anlage vorgesehen. Bereits am 19. März 1951 legte das ZB die ersten Zeichnungen für die Baureihe 99.23–24 vor.
Allerdings unterbrach die DR wenig später die Arbeiten an der meterspurigen Neubaulok, die erst 1953 wieder aufgenommen wurden. Nun drückte die DR aufs Tempo – mit fatalen Folgen. Bereits am 5. Mai 1954 gab die DR die ersten sieben Maschinen in Auftrag. Nur rund acht Monate später, am 26. Januar 1955, traf die 99 232 als Erste ihrer Baureihe in Wernigerode ein. Die ersten

▲ Alle 17 Maschinen der Baureihe 99.23–24 gehören heute der Harzer Schmalspurbahnen GmbH, die die inzwischen 50 Jahre alten Loks noch immer planmäßig einsetzt. 99 7241-5 (ex 99 241) pausierte am 7. September 2002 vor der Lokleitung in Wernigerode. *Foto: D. Endisch*

Einsätze der fabrikneuen Lok waren ein Desaster: Das Laufwerk der 1´E1´h2t-Maschinen war für die engen Radien der Harzquer- und Brockenbahn völlig ungeeignet. Erst nach umfangreichen Änderungen konnten die Loks im Harz eingesetzt werden. Die zweite Serie der Baureihe 99.23–24 erhielt daher ein völlig anderes Laufwerk (Schwartzkopff-Eckhardt-Lenkgestell). Doch auch diese Konstruktion musste noch in einigen Punkten überarbeitet werden, bevor die Maschinen anstandslos die Kurven im Harz meisterten. Bis 1957 stellte die DR schließlich 17 Exemplare der Baureihe 99.23–24 in Dienst, von denen 13 im Bw Wernigerode stationiert waren. 99 231, 99 235, 99 236 und 99 237 kamen nach Thüringen. Erst nach der Stilllegung der Strecke Eisfeld–Schönbrunn im Jahr 1973 wurden auch sie im Harz heimisch.

Trotz der erheblichen Schwierigkeiten in den ersten Jahren bewährten sich die 1´E1´h2-Maschinen auf den Schmalspurbahnen des Harzes. Aufgrund des großzügig dimensionierten Rostes und der großen Strahlungsheizfläche erwies sich der Kessel als sehr verdampfungsfreudig. Dies schlug sich natürlich auch in der Leistung nieder. Die VES-M Halle (Saale) ermittelte bei Messfahrten eine effektive Leistung von 585 PS und einen Gesamtwirkungsgrad von 5,9 %.

Um den Heizer von seiner schweren körperlichen Arbeit zu entlasten, ließ die DR alle 17 Maschinen zwischen 1977 und 1981 mit einer Ölhauptfeuerung (siehe S. 92 ff.) ausrüsten. Die Energiekrise in der DDR machte jedoch 1982 einen Rückbau auf Kohlefeuerung unumgänglich. Diese Umstellung dauerte bis 1984.

Die Harzer Schmalspurbahnen GmbH (HSB) sind seit 1993 Eigentümer aller Neubauloks der Baureihe 99.23–24. Für den Einsatz auf dem rund 140 km langen Streckennetz der HSB werden aber nur noch zehn 1´E1´h2t-Maschinen betriebsfähig vorgehalten. Einige von ihnen wurden inzwischen mit neuen Blechrahmen ausgerüstet.

TECHNISCHE DATEN

Bauart		1´E1´h2t
Betriebsgattung		K 57.10
Länge über Puffer	mm	11.730
Höchstgeschwindigkeit v/r	km/h	40/40
Zylinderdurchmesser	mm	500
Kolbenhub	mm	500
Treib- und Kuppelraddurchmesser	mm	1.000
Laufraddurchmesser v/h	mm	550/550
Kesselüberdruck	kp/cm^2	14
Rostfläche	m^2	2,8
Verdampfungsheizfläche	m^2	95,5
Dienstmasse (2/3 Vorräte)	t	60,5
Brennstoffvorrat	t	4,0
Wasserkasteninhalt	m^3	8
indizierte Leistung	PS_i	700
indizierte Zugkraft	Mp	10,5

▼ **Baureihe 99.23–24** *Zeichnung: Archiv transpress*

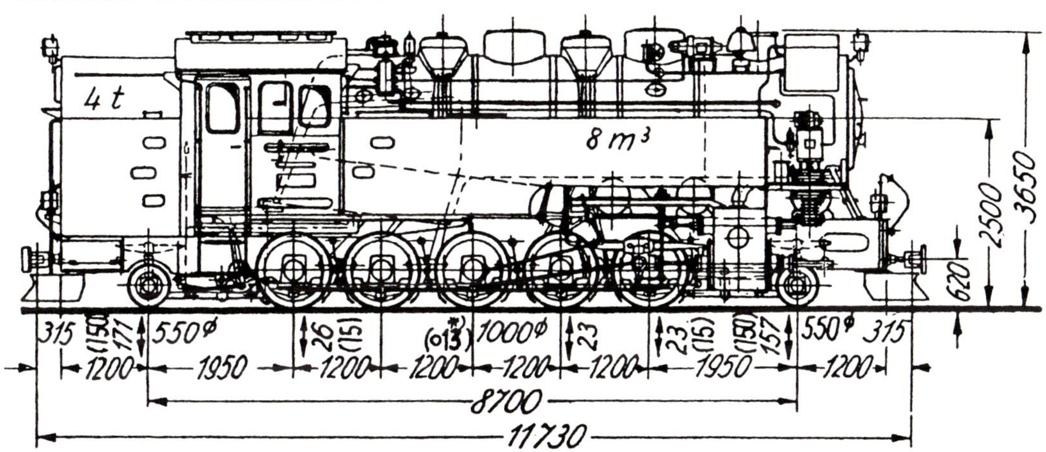

3.7 Die Baureihe 99.33

Obwohl die Schmalspur-Maschinen der Baureihe 99.33 keine Entwicklung der DR sind, gehören sie dennoch zu den Neubaudampfloks. Die Rbd Schwerin benötigte Ende der 1950er-Jahre dringend Maschinen für die 900 mm-Schmalspurbahn Bad Doberan–Kühlungsborn West. Für die als der »Molli« bekannte Strecke standen zu diesem Zeitpunkt lediglich die drei 1´D1´h2-Tenderloks der Baureihe 99.32 sowie zwei Dn2t-Maschinen der Baureihe 99.31 zur Verfügung. Letztere hatten jedoch ihre Verschleißgrenze erreicht und mussten daher schnellstmöglich ersetzt werden. Allerdings war die Entwicklung einer 900 mm-Neubaulok aufgrund der kleinen Stückzahl wirtschaftlich nicht vertretbar. Also suchte die Rbd Schwerin nach einer geeigneten Type für den »Molli«. Die Eisenbahner wurden schließlich bei der ehemaligen »Staatlichen Aktiengesellschaft der Buntmetallindustrie Wismut« (SAG) fündig. Die SAG Wismut betrieb in ihren Uran-Gruben in Sachsen und Thüringen ein großes Werkbahn-Netz mit 900 mm Spurweite. Die DR erwarb von der Wismut 1958/59 insgesamt drei Dn2-Tenderloks, die als Baureihe 99.33 in den Fahrzeugpark eingereiht wurden.

Die Vierkuppler gehörten zu einem 1949 vom LKM Babelsberg und der LOWA konzipierten Typenprogramm für Werkbahn-Dampfloks. Das Lieferprogramm umfasste Nass- und Heißdampfloks mit den Achsfolgen B, C und D, die in Spurweiten zwischen 750 und 1.524 mm geliefert werden konnten. Die SAG Wismut erwarb 1950/51

▲ Von den ehemals drei Maschinen der Baureihe 99.33 ist heute nur noch die 99 2331-9 (ex 99 331) betriebsfähig. Bei der Schmalspurbahn Bad Doberan–Kühlungsborn West dient die Maschine als Reserve. Am 11. Oktober 2005 half 99 2331-9 in der Zugförderung aus. *Foto: D. Endisch*

für ihre Betriebe insgesamt elf Exemplare. Die Loks 1 (DR 99 3333), 22 (99 331) und 44 (99 332) gelangten später zur DR. Typisch für die Maschinen war der geschweißte Blechrahmen und der großzügig ausgelegte Kessel.
Bevor die DR die Maschinen aber auf dem »Molli« einsetzen konnte, mussten sie im Raw Görlitz aufgearbeitet und den Normen der Reichsbahn angepasst werden. Dazu zählte u.a. der Einbau einer Druckluftbremse der Bauart Knorr und neue, im oberen Teil eingezogene Führerhäuser. Die notwendigen Arbeiten nahmen einige Monate in Anspruch, so dass die 99 331 (26.04.1959) und die 99 332 (17.05.1959) erst im Frühjahr 1959 in Dienst gestellt werden konnten. 99 333 (14.12.1960) traf über ein Jahr später an der Ostseeküste ein. Die drei Maschinen waren jedoch erheblich schwächer als die Baureihe 99.32. Die DR ließ daher 99 331 und 99 332 in den Jahren 1960/61 auf Heißdampf umbauen. Anschließend nutzte die Est Kühlungsborn West die Baureihe 99.33 meist für den Güterverkehr oder als Reserve. Die Nassdampflok 99 333 wurde hingegen mit einem Schneepflug ausgerüstet und meist nur als so genannte »Räumlok« in Kühlungsborn West vorgehalten. Bereits 1968 wurde die 99 333 ausgemustert.
Nach der Einstellung des Güterverkehrs auf dem »Molli« am 31. Mai 1969 dienten 99 331 und 99 332 nur noch als Betriebsreserve. Daran änderte sich bis zur Übergabe der Strecke Bad Doberan–Kühlungsborn West am 1. Oktober 1995 an die »Mecklenburgische Bäderbahn Molli GmbH & Co. KG« nichts. Kurze Zeit später, am 19. März 1995, stand 99 332 letztmalig unter Dampf. Während sie heute als Schaustück im Bahnhof Kühlungsborn West zu bewundern ist, gehört die 99 331 noch immer zum Betriebspark des »Molli«.

TECHNISCHE DATEN

Bauart		D h2t
Betriebsgattung		K 44.8
Länge über Puffer	mm	8.860
Höchstgeschwindigkeit v/r	km/h	35/35
Zylinderdurchmesser	mm	370
Kolbenhub	mm	400
Treib- und Kuppelraddurchmesser	mm	800
Kesselüberdruck	kp/cm^2	14
Rostfläche	m^2	1,6
Verdampfungsheizfläche	m^2	42,89
Dienstmasse (2/3 Vorräte)	t	30,5
Brennstoffvorrat	t	2,2
Wasserkasteninhalt	m^3	3,4
effektive Leistung	PS_e	230
indizierte Zugkraft	Mp	5,75

▼ **Baureihe 99.33** *Zeichnung: Archiv transpress*

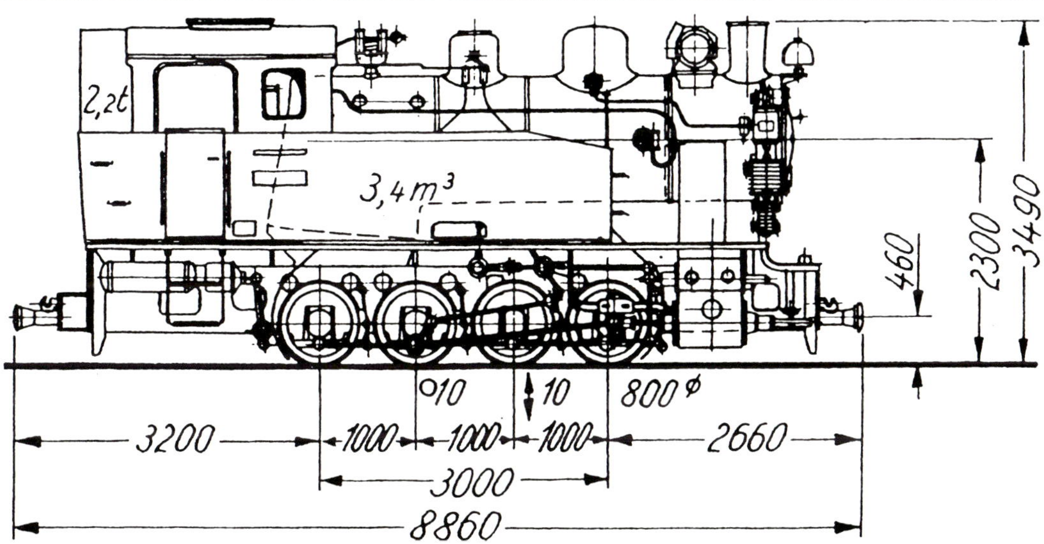

▲ Die Baureihe 99.77–79 wird heute meist auf den Strecken Cranzahl–Oberwiesenthal, Freital-Hainsberg–Dippoldiswalde (–Kurort Kipsdorf) und Radebeul Ost–Radeburg eingesetzt. 99 1783-2 wurde am 10. April 1991 in Freital-Hainsberg für den nächsten Einsatz vorbereitet. *Foto: D. Endisch*

3.8 Die Baureihe 99.77–79

Die Schmalspur-Maschinen der Baureihe 99.77–79 waren die ersten Neubau-Dampfloks der DR nach dem Zweiten Weltkrieg. Die 1´E1´h2-Tenderloks waren für die sächsischen Schmalspurbahnen bestimmt, deren Fahrzeugpark sich Ende der 1940er-Jahre in einem desolaten Zustand befand. Dies war in erster Linie dem harten Betriebsalltag und der mangelnden Unterhaltung während des Zweiten Weltkrieges und in der Nachkriegszeit geschuldet. Außerdem hatte die SMAD den Lokbestand durch den Abtransport von 32 Maschinen der Baureihen 99.51–60, 99.64–71 und 99.73–76 in den Jahren 1945/46 erheblich verringert. Als die SAG Wismut schließlich zum Jahreswechsel 1945/46 im Erzgebirge mit dem Abbau von Uran begann, geriet die Rbd Dresden in eine beinahe hoffnungslose Situation. Mit den vorhandenen Maschinen der Baureihe 99.73–76 (siehe S. 112 f.) konnte der Verkehr auf der Strecke Cranzahl–Oberwiesenthal nur mit Mühe und Not aufrecht erhalten werden. Die Rbd Dresden benötigte deshalb dringend neue Schmalspur-Dampfloks.

Die GD der DR kannte die Situation in Sachsen und ließ 1950 einen ersten Beschaffungsplan für neue Schmalspurloks aufstellen, der am 9. August 1950 vorlag. Bereits 1951 sollten die ersten 26 Exemplare in Dienst gestellt werden. Bis 1954 war die Beschaffung von jährlich 30 Maschinen geplant. Allein die Rbd Dresden sollte 32 Loks der Bauart 1´E1´h2t erhalten. Aufgrund der Transporte für die SAG Wismut hatten die Maschinen für die sächsischen Schmalspurbahnen oberste Priorität. Der LKM Babelsberg erhielt daher noch im Sommer 1950 den Auftrag, eine 1´E1´h2-Tenderlok für 750 mm Spurweite zu entwickeln. Bereits im September 1950 lagen die ersten Entwürfe vor. Die Babelsberger Ingenieure hatten sich dabei an der Baureihe 99.73–76 orientiert. Die Neubaulok besaß jedoch im Unterschied zu den Einheitsmaschinen einen geschweißten Blechrahmen, einen größeren Rost, zwei Strahlpumpen und einen höheren Brennstoffvorrat. Durch organisatorische Änderungen bei der DR und der Schienenfahrzeug-Industrie verzögerte sich die Entwicklung der Baureihe 99.77–79. Außerdem konnten aufgrund mangelnder Absprachen zwischen beiden Seiten wichtige Änderungen für das erste Baulos nicht mehr berücksichtigt werden. Bereits am 12. August 1952 stellte die DR mit der 99 771 ihre erste Neubau-Dampflok in Dienst.

Die ersten Maschinen der Baureihe 99.77–79 setzte die Rbd Dresden auf der Strecke Cranzahl–Oberwiesenthal ein. Die Personale schätzten zwar den verdampfungsfreudigen Kessel und die Leistung der Neubau-Maschinen, doch bereits nach wenigen Monaten offenbarten die Loks erhebliche Mängel. Aufgrund von Materialfehlern und mangelhafter Qualität kam es zu schweren Kesselschäden, deren Reparatur viel Zeit und Geld kostete. Zwar konnten diese Probleme behoben werden, doch der zu schwach dimensionierte Blechrahmen der 99.77–79 blieb für die nächsten Jahrzehnte die Schwachstelle der ansonsten gelungenen Konstruktion. Bis 1956 stellte die DR 24 Exemplare der Baureihe 99.77–79 in Dienst, die in erster Linie auf der Strecke Cranzahl–Oberwiesenthal und dem Thumer Netz im Einsatz waren. Drei Maschinen erhielt das Bw Meiningen für die Strecke Wernshausen–Trusetal. Bis Mitte der 1970er-Jahre musterte die DR lediglich zwei Maschinen aus. Die anderen Loks waren zu diesem Zeitpunkt auch auf den Strecken Radebeul Ost–Radeburg und Freital-Hainsberg–Kurort Kipsdorf im Einsatz. Mitte der 1980er-Jahre setzte die DR 99 782 und 99 784 als Ersatz für die Baureihen 99.463 (siehe S. 106 f.) und 99.480 (siehe S. 108 f.) nach Putbus um.

Ende der 1980er-Jahre nahmen die Schäden an den Kesseln und Rahmen der Baureihe 99.77–79 deutlich zu. Das Raw Meiningen erhielt daher den Auftrag, neue verbesserte Blechrahmen und Ersatzkessel zu fertigen. Damit baute das Raw Görlitz in den Jahren 1991/92 insgesamt 14 Maschinen der Baureihe 99.77–79 neu auf. Dank dieser Maßnahme blieben 22 Neubauloks bis heute erhalten. Die Sächsisch-Oberlausitzer Eisenbahn-Gesellschaft (1 Lok), die Sächsische Dampfbahn (16 Loks) und die Rügenschen Kleinbahnen (3 Loks) setzen die 1´E1´h2t-Maschinen noch immer im Plandienst ein.

TECHNISCHE DATEN

Bauart		1´E 1´h2t
Betriebsgattung		K 57.9
Länge über Puffer	mm	10.000
Höchstgeschwindigkeit v/r	km/h	30/30
Zylinderdurchmesser	mm	450
Kolbenhub	mm	400
Treib- und Kuppelraddurchmesser	mm	800
Laufraddurchmesser v/h	mm	550/550
Kesselüberdruck	kp/cm^2	14
Rostfläche	m^2	2,57
Verdampfungsheizfläche	m^2	76,9
Dienstmasse (2/3 Vorräte)	t	51,9
Brennstoffvorrat	t	4,0
Wasserkasteninhalt	m^3	5,8
indizierte Leistung	PS_i	650
indizierte Zugkraft	Mp	8,5

▼ **Baureihe 99.77–79** *Zeichnung: Archiv transpress*

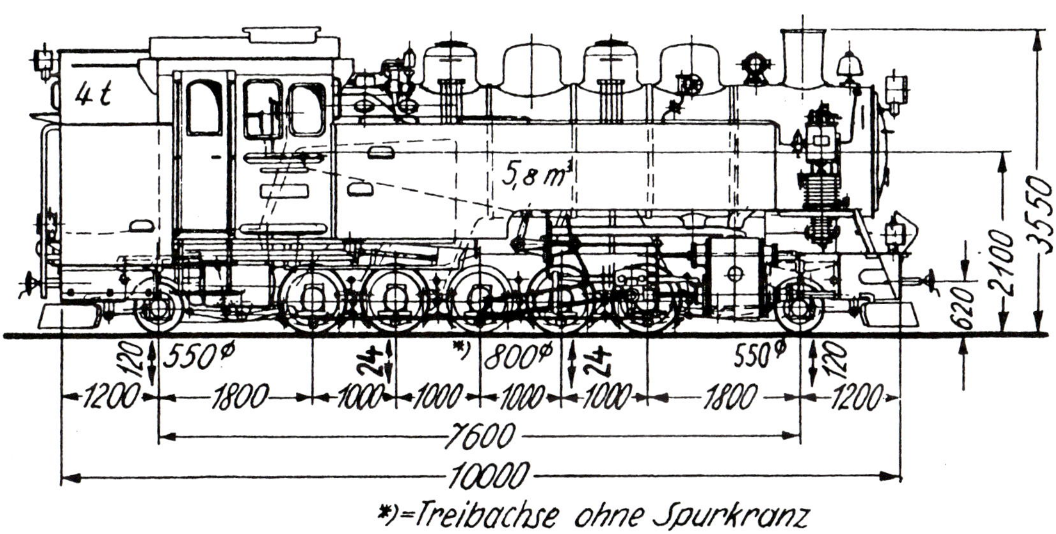

3.9 Die Baureihe 99.140

Zu den interessantesten Dampfloks der DDR gehörte die 99 1401, die eine besondere Geschichte hat. Die SMAD beauftragte am 15. April 1946 die »Lokomotivfabrik Orenstein & Koppel Babelsberg« (ab 1948: LKM Babelsberg) mit dem Bau von 500 Dh2-Schlepptenderloks. Dieser Auftrag gehörte zu den von der SBZ zu leistenden Reparationen. Die Maschinen erhielten daher die Bezeichnung »Gr« für »Germanski reparazija«. Unter enormem Zeitdruck entwickelten die Ingenieure in Babelsberg die gewünschte Maschine, die für Holzfeuerung ausgelegt war. Um den Auftrag der Sowjets erledigen zu können, wurden in die Fertigung der »Gr« weitere Betriebe eingebunden. Die Kessel lieferte beispielsweise die Kesselfabrik Uebigau in Dresden. Bereits am 30. April 1947 konnte das Baumuster Gr-001 in Babelsberg den Sowjets vorgestellt werden.
Im Herbst 1947 folgten Versuchsfahrten auf der Strecke Hainsberg–Kipsdorf. Dabei offenbarte die Gr-001 nur kleinere Mängel, so dass noch 1947 mit der Serienfertigung begonnen werden konnte. Der LKM Babelsberg stellte dann bis 1956 insgesamt 423 Maschinen des Typs »Gr« her. Von der robusten und zuverlässigen Maschine verblieben aber nur vier Exemplare in der DDR. Eine Lok übernahm der VEB Stahl- und Walzwerk Hennigsdorf für seine 750 mm-Werkbahn. Zwei Maschinen erwarb 1954 der VEB Mansfeld-Kombinat »Wilhelm Pieck« in Eisleben. Dort erhielten die Loks neben den Betriebs-Nr. 19 und 20 noch die Namen »HENNECKE« und »STACHANOW«. Die Bergleute Adolf Hennecke (1905–1975) und Alexej Grigorjewitsch Stachanow (1906–1977) galten als die Begründer der Aktivistenbewegung in der DDR bzw. der Sowjetunion. Bis 1969 setzten das Mansfeld-Kombinat die beiden Maschine auf dem verzweigten, rund 50 km langen Werkbahnnetz zwischen Klostermansfeld, Helbra, Hettstedt und Eisleben ein.

▲ **Der LKM Babelsberg baute von 1947 bis 1956 insgesamt 423 Exemplare der Schmalspur-Schlepptenderlok der Gattung »Gr«. Die heutige Museumslok 99 1401" wird vom Verein »Mansfelder Bergwerksbahn e.V.« betreut.** *Foto: D. Endisch*

Das Baumuster gelangte über Umwege zur DR. Nach den Probefahrten in Sachsen verblieb die Gr-001 zunächst in Babelsberg. Die Generaldirektion der Landesbahn in Brandenburg mietete die Lok mit Zustimmung der SMAD an und nahm mit der Gr-001 am 4. September 1948 den Verkehr auf der Schmalspurbahn Glöwen–Havelberg auf. Die DR übernahm die Strecke 1948 und reihte die Schlepptenderlok als 99 001 in ihren Bestand ein. Zu diesem Zeitpunkt war die Lok noch immer Eigentum der SMAD. Erst 1953 gehörte die Gr-001 der DR, die der Maschine ab 15. Oktober 1953 die Betriebs-Nr. 99 1401 gab. Zu diesem Zeitpunkt plante die GD die Beschaffung weiterer Exemplare der Baureihe 99.140, die den Fahrzeugpark auf den 750 mm-Bahnen im Norden der DDR verstärken sollten. Allerdings scheiterte das Vorhaben an den begrenzten Fertigungskapazitäten des LKM Babelsberg und den fehlenden Stahlkontingenten.

Die 99 1401 blieb ihrer Stammstrecke Glöwen–Havelberg treu. Ab Mitte der 1950er-Jahre wurde sie aber auch auf den Schmalspurbahnen Perleberg–Lindenberg–Kyritz, Pritzwalk–Lindenberg–Glöwen und Rehfeld–Breddin eingesetzt. Ab Anfang der 1960er-Jahre war die 99 1401 wieder die bevorzugte Planmaschine des Lokbahnhofs Havelberg. Dort wurde sie schließlich auch nach einer Laufleistung von mehr als 630.000 km im Herbst 1967 abgestellt.

Ein Exemplar der Gattung GR kann heute noch als Museumslok bewundert werden. Der Verein »Mansfelder Bergwerksbahn e.V.« erwarb 1995 in Estland die Gr-320 und holte sie nach Deutschland zurück. In jahrelanger Kleinarbeit wurde die Maschine dann betriebsfähig aufgearbeitet. Seit ihrer Abnahme am 24. Mai 2004 steht die Lok für Sonderfahrten zur Verfügung.

TECHNISCHE DATEN

Bauart		D h2
Betriebsgattung		K 44.6
Länge über Puffer (Tender 3 T 5,5)	mm	12.014
Höchstgeschwindigkeit v/r	km/h	35/35
Zylinderdurchmesser	mm	370
Kolbenhub	mm	400
Treib- und Kuppelraddurchmesser	mm	800
Kesselüberdruck	kp/cm^2	13
Rostfläche	m^2	1,6
Verdampfungsheizfläche	m^2	42,89
Dienstmasse (2/3 Vorräte)	t	37,0
Brennstoffvorrat	t	3,0
Wasserkasteninhalt	m^3	5,5
effektive Leistung	PS_e	250
indizierte Zugkraft (0,8)	Mp	5,3

▼ **Baureihe 99.140** *Zeichnung: Archiv transpress*

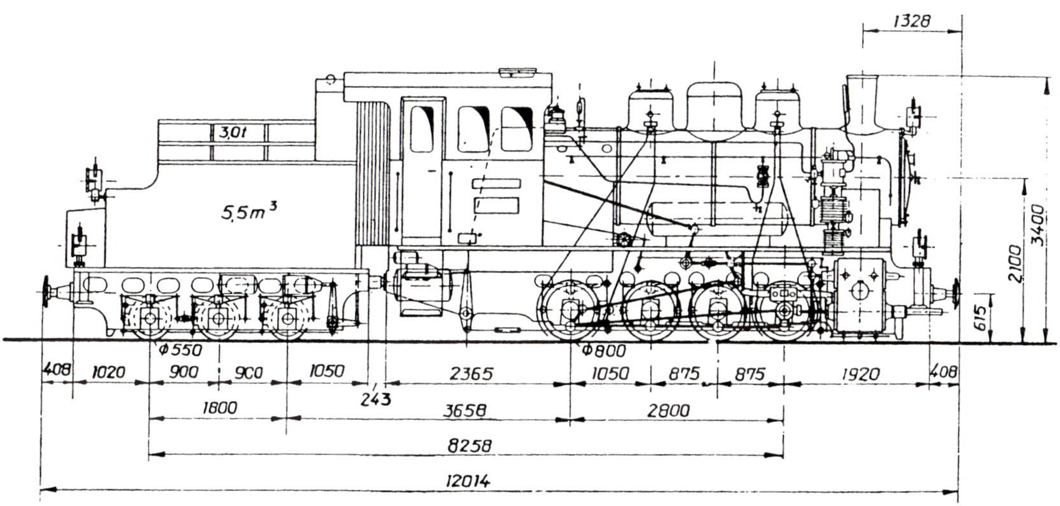

4. ÜBERGANGSLÖSUNG: NEUE KESSEL NACH ALTEN ZEICHNUNGEN

Anfang der 1950er-Jahre befand sich der Lokomotivpark der Deutschen Reichsbahn (DR) in einem desolaten Zustand. Dafür gab es mehrere Ursachen: die mangelnde Wartung während des Zweiten Weltkrieges, der Arbeitskräftemangel und die fehlenden Ersatzteile in der Zeit nach 1945. Besonders prekär war die Situation bei den Baureihen 03.10, 41 und 50, deren Kessel meist aus dem Stahl St 47 K bestanden. Der in den 1930er- und 1940er-Jahren verwendete Kesselstahl war zwar sehr fest, zeigte aber bereits nach wenigen Jahren Ermüdungserscheinungen und neigte zu Rissbildungen. Die zuständigen Reichsbahnausbesserungswerke (Raw) Karl-Marx-Stadt und Stendal versuchten, die Schäden an den St 47 K-Kesseln durch das Ausschweißen der Risse bzw. das Einsetzen von Flicken zu beseitigen. Doch die Reparaturen hielten meist nicht lange und durch die Schweißarbeiten nahm die Schadanfälligkeit der Kessel weiter zu. Bereits im Oktober 1955 beschäftigten sich Experten aus den Ausbesserungswerken mit diesen Kesselschäden, die einer der Auslöser für das Reko-Programm (siehe Kapitel 5) waren. Die zuständige Hauptverwaltung der Reichsbahnausbesserungswerke (HvRaw) wollte die Dampferzeuger aus St 47 K im Zuge der geplanten Rekonstruktion durch moderne Verbrennungskammer-Kessel ersetzen. Bis es soweit war, wollte die HvRaw die Kessel der Baureihen 03.10, 41 und 50 weiter unterhalten.

Doch 1956 verschlechterte sich der Zustand der Dampferzeuger bei den Baureihen 03.10 und 41 erheblich. Dies führte dazu, dass der Stellvertreter des Ministers für Verkehrswesen, Heinrich Lindemann, am 25. Mai 1956 alle Schweißarbeiten an den Kesseln aus St 47 K untersagte und für die Baureihen 03.10, 41 und 50 eine Sonderuntersuchung anordnete. Dabei mussten die Heiz- und Rauchrohre ausgebaut und die Kessel gesandstrahlt werden. Anschließend wurden die Schweißnähte geröntgt. Wies der Dampferzeuger keine Mängel auf, erfolgte die Wasserdruckprobe. Verlief diese ohne Probleme, durfte die Kesselfrist um ein Jahr verlängert werden. Aufgrund der Anweisung Lindemanns musste die DR rund 300 Loks außer Betrieb setzen, was zu massiven Engpässen im Betriebsdienst führte.

Dadurch wurden der Ministerrat der DDR und das Zentralkomitee (ZK) der Sozialistischen Einheitspartei Deutschlands (SED) auf die Misere aufmerksam. Verkehrsminister Erwin Kramer wurde daher zum Rapport einbestellt. Kramer gelang es jedoch, die Verärgerung der Parteiführung in für die DR günstige Bahnen zu lenken. Der Stellvertreter der Ministerrates und Vorsitzende der Kommission für Industrie und Verkehr, Fritz Selbmann (29.09.1899–26.01.1975), genehmigte kurzfristig den Bau von 40 Ersatzkesseln für die DR.

Diesen Vorschlag hatte der Referent für die Bauart der Dampf- und Dieselloks im Technischen Zentralamt der DR, Hans Schulze, bereits am 13. Juli 1956 unterbreitet. Um die Situation bei den Baureihen 03.10 und 41 zu entspannen, wollte Schulze einen geschweißten Ersatzkessel bauen lassen, da im Sommer 1956 bereits mehrere Maschinen der Baureihe 41 abgestellt werden mussten. Allerdings fand Schulzes Vorschlag nicht ungeteilte Zustimmung. Das Raw Karl-Marx-Stadt, das für die Instandhaltung der Baureihen 03.10 und 41 verantwortlich war, begrüßte den Vorschlag aus dem TZA, da damit der Schadbestand verringert und die

▲ **44 0725-0 (ex 44 725) wurde 1960 als erster »Jumbo« mit einem geschweißten Ersatzkessel aus dem Raw Meiningen ausgerüstet. Dieser wurde 1966 durch einen Ersatzkessel des Raw Halberstadt ersetzt. Mit diesem Dampferzeuger stand die Maschine am 13. Oktober 1979 vor dem Lokschuppen des Bw Güstrow.**
Foto: P. Gericke, Archiv D. Endisch

Planvorgaben für den sozialistischen Wettbewerb erfüllt werden konnten. In der HvM und im Lokausschuss gab es jedoch Bedenken gegen den Ersatzkessel. Einige Eisenbahner befürchteten, dass durch den Ersatzkessel der Bau des geplanten Reko-Kessels hinfällig würde. Außerdem entsprach der vom TZA vorgelegte Entwurf für den Ersatzkessel nicht den Vorstellungen einiger Experten. Hauptstreitpunkt war der Speisedom. Die Gegner hielten ihn für einen überflüssigen Kostenfaktor, der durch die Einführung der inneren Speisewasseraufbereitung entfallen konnte. Außerdem verwiesen sie auf die Erfahrungen in den USA und der Sowjetunion, wo der Speisedom bereits seit 1938 nicht mehr genutzt wurde. Die Befürworter hielten ihn dagegen für unverzichtbar, zumal er als zweite Befahrungsmöglichkeit für den Kessel genutzt werden konnte.

Letztlich verzichtete die DR bei ihren Ersatzkesseln auf den Speisedom. Die Federführung bei der Entwicklung des neuen Dampferzeugers für die Baureihen 03.10 und 41 übernahm schließlich das Raw Karl-Marx-Stadt. Ende September 1956 genehmigte das TZA schließlich die Unterlagen, die am 15. Oktober 1956 dem VEB Schwermaschinenbau-Kombinat »Karl Liebknecht« (SKL) Magdeburg übergeben wurden. Die Fertigung der Ersatzkessel lief im Januar 1957 an und dauerte bis Ende Dezember 1957.

Doch damit war das Thema »Ersatzkessel« für die DR noch lange nicht beendet. Ende der 1950er-Jahre nahm vor allem bei der Baureihe 44 (siehe S. 56 f.) der Verschleiß an einigen Dampferzeugern kontinuierlich zu. Die DR musste daher im Raw Meiningen einen Ersatzkessel für die »Jumbos« entwickeln lassen. Das Baumuster entstand ebenfalls in Meiningen und wurde im Frühjahr 1960 in 44 725 eingebaut.

In den 1960er-Jahren benötigten neben einigen »Jumbos« auch einzelne Maschinen der Baureihen 03, 41 und 95 neue Dampferzeuger. Da der Bedarf die Produktionskapazitäten des Raw Meiningen überstieg, beauftragte die Hauptverwaltung der Maschinenwirtschaft (HvM) das Raw Halberstadt mit der Produktion von Ersatzkesseln für die Baureihen 03 (1 Stück), 41 (3 Stück) und 44 (28 Stück), die zwischen 1962 und 1966 gebaut wurden. Zusätzlich fertigte das Raw Meiningen zwischen 1965 und 1969 noch einen Ersatzkessel für die Baureihe 41 und zehn weitere Dampferzeuger für die Baureihe 44 an. Die für die Baureihe 95 benötigten Kessel stammten ebenfalls aus dem Raw Meinigen (8 Stück, Baujahre 1966/67). Mitte der 1970er-Jahre erlebte der Ersatzkessel für die Baureihe 95 noch einmal eine kleine Nachauflage. Als Ersatz für die verschlissenen Dampferzeuger der 95 016 und 95 032 wurde 1974 und 1975 jeweils ein Kessel im Raw Meiningen gebaut. Sie setzten den Schlusspunkt unter das Kapitel »Ersatzkessel«.

▲ 41 1140-7 (ex 41 140) war von 1957 bis zu ihrer z-Stellung am 19. April 1976 mit zwei Ersatzkesseln ausgerüstet. Ab 17. Juli 1957 besaß sie einen SKL-Kessel, dessen Oberflächenvorwärmer am 31. Januar 1964 durch eine MV-Anlage ersetzt wurde. Den SKL-Kessel tauschte man wiederum am 25. Oktober 1971 gegen einen Ersatzkessel des Raw Halberstadt, der ebenfalls eine MV-Anlage hatte. Am 24. Januar 1974 stand 41 1140-7 im Magdeburger Hauptbahnhof. *Foto: Archiv D. Endisch*

▲ Zwischen 1963 und 1966 rüstete das Raw Görlitz 14 Maschinen der Baureihe 99.73–76 mit geschweißten Ersatzkesseln aus (siehe S. 112 f.). 99 1746-9 (ex 99 746) stand am 20. September 2000 im Bahnhof Freital-Hainsberg. *Foto: D. Endisch*

▲ **Das Raw Karl-Marx-Stadt rüstete in den Jahren 1957/58 insgesamt 21 Loks der Baureihe 41 mit geschweißten Ersatzkesseln aus dem SKL Magdeburg aus. Dazu zählte auch 41 1279-3, die im Juli 1973 in Magdeburg Hbf stand.** *Foto: Archiv D. Endisch*

4.1 Die Baureihen 03.10 und 41

Anfang der 1950er-Jahre befanden sich die aus dem spröden Stahl St 47 K gefertigten Kessel der Baureihen 03.10 und 41 in einem desolaten Zustand (siehe S. 50). Um die Zeit bis zur geplanten Rekonstruktion zu überbrücken (siehe Seiten 72 f. und 84 f.), gab die DR am 5. November 1956 kurzfristig beim SKL Magdeburg 40 Ersatzkessel für die Baureihen 03.10 und 41 in Auftrag. Der Preis pro Kessel betrug 75.000 Mark.

Entsprechend den Absprachen zwischen der DR und dem SKL Magdeburg sollten die ersten zehn Kessel bereits im zweiten Quartal 1957 an das Raw Karl-Marx-Stadt geliefert werden. Die restlichen 30 Kessel waren dann für das dritte und vierte Quartal 1957 vorgesehen. Der entsprechende Liefervertrag wurde am 31. November 1956 unterschrieben. Nachdem im Januar 1957 die Fertigung der Ersatzkessel im SKL Magdeburg begonnen hatte, musste die DR jedoch ihre Bestellung auf 23 Dampferzeuger verringern, da die SPK das für die Produktion benötigte Stahlkontingent gekürzt hatte.

Der Ersatzkessel sorgte bei der DR für erhebliche Diskussionen (siehe Seite 51). Nachdem die Frage des Speisedoms geklärt war, entzündete sich eine kontroverse Diskussion um die Vorwärmeranlage. Das für die Unterhaltung der Baureihen 03.10 und 41 zuständige Raw Karl-Marx-Stadt wollte die Oberflächenvorwämer (OV-Anlage) der Bauart Knorr beibehalten, da die Speisepumpen und Vorwärmer vorhanden und bereits aufgearbeitet waren. Einige Eisenbahner in der HvRaw und dem TZA forderten hingegen den Einbau einer Mischvorwärmer-Anlage (MV-Anlage) der Bauart IfS mit Verbund-Mischpumpe (VMP-Pumpe). Diese Umrüstung hätte jedoch einen neuen Pumpenträger und erhebliche Änderungen am Fahrwerk notwendig gemacht. Diese Mehrkosten wollte die DR aber vermeiden und so behielten die Loks ihre OV-Anlage.

Im Frühjahr 1957 traf schließlich der erste Ersatzkessel im Raw Karl-Marx-Stadt ein und wurde in 41 068 (Abnahme am 30.03.1957) eingebaut. Die Lok behielt, wie auch später die anderen 41er, ihre großen Windleitbleche. Diese wurden erst in der zweiten Hälfte der 1960er-Jahre entfernt. 41 065 und 41 080 waren bis zu ihrer Ausmusterung mit den großen Windleitblechen im Einsatz. Bis Anfang 1958 wurden außerdem 41 004, 41 005, 41 022, 41 067, 41 068, 41 127, 41 136, 41 138, 41 140, 41 155, 41 161, 41 256, 41 272, 41 275, 41 277, 41 279, 41 287, 41 288 und 41 299 mit einem Ersatzkessel des SKL Magdeburg ausgerüstet. Außerdem erhielten 03 1077 (Abnahme am 30.04.1957) und 03 1088 (Abnahme

▲ **Auf den ersten Blick scheint es so, als befinde sich 41 065 im Frühjahr 1963 im Bw Frankfurt (Oder) Pbf noch im Anlieferungszustand. Doch seit 18. Juli 1957 besaß die Lok einen Ersatzkessel des SKL Magdeburg. Die großen Windleitbleche behielt die Lok bis zu ihrer z-Stellung im Frühjahr 1968.** *Foto: Slg. K.-J. Kühne*

09.05.1957) mit einen solchen Dampferzeuger. Bei beiden Loks tauschte das Raw Meiningen jedoch 1966 den Ersatzkessel durch einen Reko-Kessel des Typs 39 E aus.

In der Folgezeit benötigte die DR noch vier weitere Ersatzkessel für die Baureihe 41. Das Raw Meiningen lieferte 1958 einen Dampferzeuger, mit dem 41 075 (Abnahme am 01.01.1959) instandgesetzt wurde. In den Jahren 1962, 1963 und 1965 baute das Raw Halberstadt jeweils einen Ersatzkessel, der bei 41 262 (Abnahme am 03.06.1965), 41 275 (Abnahme am 28.02.1963) und 41 284 (Abnahme am 11.08.1962) Verwendung fand.

Die DR setzte die mit Ersatzkesseln ausgerüsteten Maschinen gemeinsam mit den Rekoloks ein. Gleichwohl wurden die ersten nicht rekonstruierten 41er bereits Ende der 1960er-Jahre abgestellt. Ab 1972 trennte sich die DR dann verstärkt von den Maschinen, so dass im Juli 1977 nur noch 41 005, 41 136, 41 138, 41 277, 41 287 und 41 299 zum Betriebspark gehörten. Zwei Jahre später war nur noch 41 299 im Bw Güstrow vorhanden, die hier meist als Heizlok diente. Als letzte ihrer Type wurde sie am 1. September 1980 ausgemustert. Leider blieb keine 41er mit Ersatzkessel erhalten.

TECHNISCHE DATEN

		BR 03.10	BR 41
Bauart		2´C1´h3	1´D1´h2
Betriebsgattung		S 36.18	G 46.18
Länge über Puffer	mm	23.905[1]	23.905[2]
Höchstgeschwindigkeit v/r	km/h	140/50	90/50
Zylinderdurchmesser	mm	470	520
Kolbenhub	mm	660	720
Treib- und Kuppelraddurchmesser	mm	2.000	1.600
Laufraddurchmesser v/h	mm	1.000/1.250	1.000/1.250
Kesselüberdruck	kp/cm^2	16	16
Rostfläche	m^2	3,9	4,09
Verdampfungsheizfläche	m^2	202,96	203,65
Dienstmasse (2/3 Vorräte)	t	161,0	161,5
Brennstoffvorrat	t	10	10
Wasserkasteninhalt	m^3	34	32
indizierte Leistung	PS_i	ca. 1.750	k.A
indizierte Zugkraft (0,8)	Mp	14,00	15,58

Anmerkungen:

1 mit Tender der Bauart 2´2 T 34

2 mit Tender der Bauart 2´2 T 32

4.2 Die Baureihen 03, 44 und 95

Ende der 1950er-Jahre wiesen die Kessel einiger Maschinen der Baureihen 03, 44 und 95 erhebliche Verschleißerscheinungen auf. Bei der **Baureihe 03** waren davon zunächst nur die Stehkessel betroffen. Die DR gab daher fünf neue Stehkessel in Auftrag. Diese entsprachen konstruktiv denen der Ersatzkessel des SKL Magdeburg. Diese neuen Stehkessel besaßen im Unterschied zu den alten Stehkesseln fünf statt vier seitliche Waschluken. Mit diesen Stehkesseln wurden ab 1962 die 03 002, 03 083, 03 096, 03 176 und 03 242 ausgerüstet.

Doch damit waren die Probleme bei der Baureihe 03 noch nicht behoben. Das Raw Karl-Marx-Stadt gab daher beim Raw Halberstadt einen geschweißten Ersatzkessel in Auftrag. Dieser war konstruktiv identisch mit dem Dampferzeuger aus dem SKL Magdeburg. Der 1962 gelieferte Ersatzkessel wurde am 23. Juni 1962 bei der 03 162 eingebaut. Zwischen 1963 und 1964 nutzte das Raw Karl-Marx-Stadt außerdem vier Ersatzkessel der Baureihe 41 für die Instandsetzung der Baureihe 03. In den folgenden Jahren wurden diese mit einer MV-Anlage ausgerüsteten SKL-Kessel noch einige Male bei anderen Maschinen genutzt, so dass zwischen 1962 und dem Ausscheiden der Baureihe 03 aus dem Betriebsdienst im Jahr 1980 einige Zeit lang neben 03 162 auch 03 030, 03 142, 03 143, 03 172, 03 180, 03 205, 03 256 und 03 277 mit einem Ersatzkessel im Einsatz waren.

Bereits Ende der 1950er-Jahre musste das Raw Meiningen für die **Baureihe 44** den ersten geschweißten Ersatzkessel bauen, den 44 725 am 31. März 1960 erhielt. Mitte der 1960er-Jahre nahm der Bedarf an neuen Dampferzeugern zu. Mit dem geplanten Umbau auf Ölhauptfeuerung (siehe S. 96 f.) war gut ein Drittel des Bestandes der Baureihe 44 für einen längerfristigen Erhalt vorgesehen.

▲ 44 0851-4 (ex 44 851) wurde im Oktober 1966 mit einem Ersatzkessel des Raw Halberstadt ausgerüstet. Am 21. September 1977 bunkerte die Maschine im Bw Saalfeld neues Heizöl.
Foto: P. Gericke, Archiv D. Endisch

▲ **Das Raw Meiningen baute am 15. Mai 1967 in 95 0014-1 (ex 95 014) einen geschweißten Ersatzkessel ein. Am 5. Juni 1979 war die Maschine mit einem Personenzug in Steinach unterwegs.** *Foto: H.-G. Kleine, Archiv transpress*

Dafür war jedoch ein Teil der Kessel nicht mehr geeignet. Die DR entschied sich daher für den Bau von neuen Dampferzeugern. Diese entsprachen im Wesentlichen der Ursprungskonstruktion, besaßen jedoch keinen Speisedom. Das Raw Halberstadt erhielt im Dezember 1965 den Auftrag zur Lieferung von 28 Ersatzkesseln, die alle 1966 gebaut wurden. Außerdem fertigte das Raw Meiningen zwischen 1965 und 1969 weitere zehn Dampferzeuger für die Baureihe 44, mit denen auch einige kohlenstaubgefeuerte Maschinen, wie z.B. 44 506, 44 860 und 44 991 (siehe Seite 18 f.) ausgerüstet wurden. Einige der heute noch vorhandenen »Jumbos« besitzen einen Ersatzkessel aus dem Raw Halberstadt.

Im Zusammenhang mit dem geplanten Umbau der **Baureihe 95** auf Ölhauptfeuerung (siehe S. 100 f.) stand auch die Beschaffung einiger neuer Dampferzeuger zur Diskussion. Dies war notwendig, da durch den Einsatz im schweren Gebirgsdienst die Kessel einiger Maschinen verschlissen waren, die DR jedoch auf die Baureihe 95 auf absehbare Zeit nicht verzichten konnte. Das Raw Meiningen entwickelte daher ab Ende 1965 einen geschweißten Ersatzkessel für die Baureihe 95. Der neue Dampferzeuger entsprach in seinen Abmessungen der alten Konstruktion. Allerdings entfielen der Speisedom und die Bügelanker. Die Rauchkammerrohrwand wurde weiterhin eingenietet. Die im Frühjahr 1966 fertig gestellten Zeichnungen wurden im Sommer 1966 ohne Beanstandungen abgenommen. Zu diesem Zeitpunkt war der Bau des ersten Ersatzkessels bereits abgeschlossen. Mit ihm wurde 95 009 am 3. Juni 1966 ausgerüstet. 1967 erhielten im Zuge des Einbaus einer Ölhauptfeuerung 95 010, 95 014, 95 015, 95 020, 95 029, 95 030 und 95 040 einen neuen Dampferzeuger. In den Jahren 1974 und 1975 baute das Raw Meiningen noch einmal Ersatzkessel für 95 016 und 95 032. Von den fünf erhalten gebliebenen Maschinen der Baureihe 95 besitzen heute 95 009, 95 020 und 95 016 einen geschweißten Ersatzkessel.

5. AUS ALT WIRD NEU: GENERALREPARATUR UND REKONSTRUKTION

Da die Deutsche Reichsbahn (DR) der DDR ihren Bedarf an modernen Dampflokomotiven durch Neubeschaffungen nicht decken konnte, musste sie nach anderen Wegen suchen. Sie entschied sich schließlich dafür, die wichtigsten Baureihen in ihren Reichsbahnausbesserungswerken (Raw) zu modernisieren. Die Begriffe dafür lauteten »Generalreparatur« und »Rekonstruktion«.

Die ersten Überlegungen in dieser Richtung gab es im Herbst 1955. Auslöser dafür waren die verstärkt auftretenden Schäden an den aus St 47 K hergestellten Kesseln der Baureihen 03.10, 41 und 50 (siehe Seite 50 f.). Aber auch andere Maschinen bereiteten Probleme. Bei der Baureihe 52 traten verstärkt Schäden an den Krauss-Helmholtz-Lenkgestellen auf. Diese plötzliche Häufung von Schäden

▲ **Die Baureihe 01.5 wurde für viele Eisenbahnfreunde zum Inbegriff der Reko-Dampflok. Die mit Boxpok-Rädern ausgerüsteten Reko-01er erhielten eine Blechverkleidung am Umlauf. 01 504 besaß als einziges Exemplar ihrer Baureihe für kurze Zeit einen weißen Zierstreifen.** *Foto: Slg. K.-J. Kühne*

▲ **Mit der 50 3501 (ex 50 380) begann im November 1957 das Reko-Programm der DR. Insgesamt 208 Maschinen der Baureihe 50.35 verließen bis 1962 das Raw Stendal. Damit war die Baureihe 50.35 die zahlenmäßig größte Reko-Baureihe. 50 3501-9 stand am 26. Juni 1982 im Bw Halberstadt.**
Foto: P. Gericke, Archiv D. Endisch

veranlasste die Hauptverwaltung der Reichsbahnausbesserungswerke (HvRaw) zu einer gründlichen Bestandsaufnahme, die der Abteilungsleiter Triebfahrzeug-Raw, Hans Neumann, am 19. November 1955 einer Gruppe ausgewählter hochrangiger Eisenbahner präsentierte. Neumann legte schonungslos den Zustand der betrieblich wichtigsten Gattungen dar. Vor allem bei den Baureihen 03.10, 38.10–40, 39, 41, 50, 52 und 58 sah er dringenden Handlungsbedarf.

Doch die Modernisierung der Maschinen stand zu diesem Zeitpunkt noch nicht zur Debatte. Die Hauptverwaltung der Maschinenwirtschaft (HvM) und die HvRaw hofften Ende 1955 noch, den Fahrzeugpark der DR durch die Indienststellung von etwa 1.100 Neubauloks bis 1960 verjüngen zu können. Dieser Wunsch erfüllte sich jedoch durch den Abbruch des Neubau-Programms nicht (siehe Seite 31). Nun musste die DR nach anderen Möglichkeiten suchen.

Die Richtung dafür gab die Sozialistische Einheitspartei Deutschlands (SED) auf ihrer III. Parteikonferenz (24.–30.06.1956) vor. Günter Mittag, der Leiter der Abteilung Eisenbahn, Verkehr und Verbindungswesen im Zentralkomitee der SED, verlangte von der DR den Beginn *»einer grundlegenden technischen Rekonstruktion«*. Für Mittag bedeutete dies aber keine Modernisierung der vorhandenen Dampfloks, sondern den *»systematische(n) Übergang vom technisch überholten Dampfantrieb (...) auf den wirtschaftlichen elektrischen und Dieselantrieb.«* Doch diese Vorgabe stand in krassem Gegensatz zu den Möglichkeiten der Schienenfahrzeug-Industrie in der DDR. Diese war Ende der 1950er-Jahre noch weit davon entfernt, bahntaugliche Großdiesselloks zu produzieren.

Dennoch hatte das Wort »Rekonstruktion« plötzlich eine hohe politische Bedeutung erhalten. Auch in anderen Zweigen der DDR-Volkswirtschaft wurden nun »Rekonstruktionen« durchgeführt. Grundsätzlich stand der Begriff nun für die Steigerung der Wirtschaftlichkeit durch die Verbesserung der vorhandenen Anlagen und Maschinen mittels Modernisierung. Wichtig dabei war, dass bei der »Rekonstruktion« keine neuen Anlagen beschafft werden durften.

In der Zwischenzeit stellten die verantwortlichen Eisenbahner der HvM und HvRaw einen ersten Reko-Plan, den sie am 20. Mai 1956 vorlegten, auf. Hier wurde bereits exakt zwischen »Rekonstruktion« und »Generalreparatur« (GR) unterschieden. Bei der »Generalreparatur« sollten

▲ **Aufgrund der hohen Verdampfungsleistung des Verbrennungskammer-Kessels vom Typ »39E« erreichten die Reko-41er wieder ihr altes Leistungsvermögen. Anfang der 1980er-Jahre erlebten die letzten Maschinen eine unverhoffte Renaissance. 41 1159-7 gehörte zu den ersten Loks, die ab 26. Mai 1982 von Staßfurt aus zum Einsatz kamen.** *Foto: P. Gericke, Archiv D. Endisch*

nur verschlissene Bauteile, wie z.B. Kessel und Kropfachsen, durch Neubauten ohne Änderung der Konstruktion ersetzt werden. Die GR war u.a. für die Baureihen 38.2–3, 38.10–40, 43, 44 und 52 vorgesehen.

Die »Rekonstruktion« sah zwar die Erneuerung verschlissener Baugruppen vor, aber dabei sollten gleichzeitig konstruktive Mängel beseitigt werden. Ziel war die Leistungssteigerung bei gleichzeitig verbessertem Wirkungsgrad. Die exakte Definition des Begriffs lieferte schließlich die politische Verwaltung der DR: »*Trotz der starken Verminderung des arbeitenden Dampflokparkes ist es notwendig, den verbleibenden Dampflokpark so zu erhalten, daß er das Transportvolumen mit dem geringstmöglichen Aufwand befördern kann. Dazu ist (...) eine grundsätzliche Verjüngung des Dampflokparkes durch Rekonstruktion durchzuführen. Bei der Rekonstruktion werden Bauartänderungen vorgenommen, um die Leistung der Dampflok zu erhöhen, die Laufeigenschaften zu verbessern, die bisherigen Konstruktionsmängel zu beseitigen und die gesamte Dampflok bei Erreichung eines besseren Gesamtwirkungsgrades zu modernisieren. Die Rekonstruktion stellt eine Zwischenstufe zwischen der Generalreparatur und der Neubaulok dar. Die Dampflok müssen konstruktiv, materialmäßig und finanziell so rekonstruiert werden, daß ihre zu erwartende Lebensdauer im richtigen ökonomischen Verhältnis zum Gesamtaufwand steht (...). Der Gebrauchswert der Dampflok entspricht nach der Rekonstruktion etwa 80 Prozent des Wertes einer jetzigen Neubaulok, während die Kosten für die Rekonstruktionsarbeiten etwa 50 bis 60 Prozent der Beschaffungskosten jetziger Neubaulok betragen.*«

Bereits im Mai 1956 präsentierte Hans Neumann sein erstes Reko-Programm. Oberste Priorität besaßen dabei die Baureihen 03.10, 41 und 50, da deren St 47 K-Kessel schnellstmöglich durch moderne Verbrennungskammer-Kessel ersetzt werden mussten. Der Leiter des HvRaw, Dr. Hörstel, fasste die Vorarbeiten seiner Verwaltung in dem am 17. September 1956 vorlegten »Rekonstruktions- und Generalreparaturplan zur Gesundung des Dampflokparks der DR« zusammen. Das Vorhaben war ehrgeizig: Von 1956 bis 1960 sollten die Baureihen 03.10 (17 Loks), 39 (80 Loks), 41 (99 Loks), 50 (203 Loks), 52 (150 Loks) und 58 (182 Loks) rekonstruiert werden. Im Rahmen der GR war die Beschaffung von neuen Stahlfeuerbüchsen für 1.525 Maschinen, von 600 neuen Zylindern und 700 Tendern der Bauart 2´2´T 28 geplant. Für eine GR waren die Loks der Baureihen 01, 03, 38.10–40, 43, 44, 56.20–26, 64, 78 und 95 vorgesehen.

▲ **Das Raw Zwickau rekonstruierte von 1958 bis 1962 insgesamt 56 Maschine der Baureihe 58. Typisch für die Reko-G 12 war die steile Frontschürze.**
Foto: Slg. K.-J. Kühne

Unabhängig von diesen Planungen forcierte das Raw Stendal die Modernisierung der Baureihe 50. Mit der Indienststellung der späteren 50 3501 am 12. November 1957 folgten den Worten endlich Taten. Nur wenige Monate später wurden mit 22 001 (Abnahme 06.05.1958) und 58 3001 (Abnahme 31.03.1958) die Prototypen für die Reko-Maschinen der Baureihen 22 und 58.30 fertiggestellt.
Parallel zu diesen ersten Fortschritten erstellten die HvM und die HvRaw ihr »Rekonstruktions- und Generalreparaturprogramm für Dampflok einschließlich Tenderneubau«. Bis 1967 sollten über 1.100 Maschinen der Baureihen 01 (65 Loks), 03 (78 Loks), 03.10 (18 Loks), 18.3 (1 Lok), 39.0–2 (87 Loks), 41 (102 Loks), 43 (34 Loks), 44 (100 Loks), 50 (324 Loks) und 58 (300 Loks) modernisiert werden. Kernstück der Rekonstruktion war der Einbau eines Verbrennungskammer-Kessels mit Mischvorwärmer-Anlage (MV-Anlage). Kostenpunkt: insgesamt 265,2 Millionen Mark. Eine GR war für die Baureihen 38.2–3 (31 Loks), 38.10–40 (300 Loks), 44 (60 Loks) und 52 (300 Loks) geplant. Diese sollte 125,3 Millionen Mark kosten. Außerdem plante die DR die Beschaffung von 600 Neubau-Tendern der Bauart 2´2´T 28 für die Baureihen 22, 38.10–40 und 58.30.
Doch diese aus Sicht der DR notwendigen Investitionen waren letztlich nicht möglich, da die Staatliche Plankommission (SPK) der DR nicht die benötigten Stahlkontingente bereitstellte und der VEB Lokomotivbau »Karl Marx« (LKM) Babelsberg die dafür erforderlichen Kessel und Tender nicht bauen konnte. Aus diesem Grund mussten HvM und HvRaw bereits 1959 ihr Reko-Programm erheblich reduzieren. Letztlich konnte die DR lediglich die Baureihen 01.5, 03.10, 22, 41, 50.35, 52.80 und 58.30 mit modernen Verbrennungskammer-Kesseln ausrüsten. Außerdem wurden die von der Fahrzeug-Versuchsanstalt (FVA) Halle (Saale) benötigten 18 201, 18 314, 19 015, 19 022 und 23 001 rekonstruiert. Mit der Indienststellung der 52 8200 am 22. Dezember 1967 endete offiziell das Reko-Programm nach fast genau zehn Jahren und 687 Maschinen offiziell.
Zwischen 1969 und 1975 erlebte das Reko-Programm noch eine kleine Nachauflage. Das Raw Meiningen rüstete in dieser Zeit 52 Maschinen der Baureihe 03 mit altbrauchbaren Verbrennungskammer-Kesseln von ausgemusterten 22ern aus. Diese nachträgliche Rekonstruktion bezeichnete die DR offiziell als »Neubekesselung«.

▲ **Mit der 52 8200 endete im Dezember 1967 offiziell das Reko-Programm der DR. Am 19. April 1984 pausierte die letzte Reko-Dampflok der DR in ihrem Heimat-Bw Bautzen.** *Foto: P. Gericke, Archiv D. Endisch*

▼ **Der ursprüngliche Entwurf für die Baureihe 01.5 wurde nur teilweise umgesetzt. Die Windleitbleche – die so genannten »Fledermaus-Ohren« – wurden nur bei 01 501 verwendet.** *Zeichnung: Archiv D. Endisch*

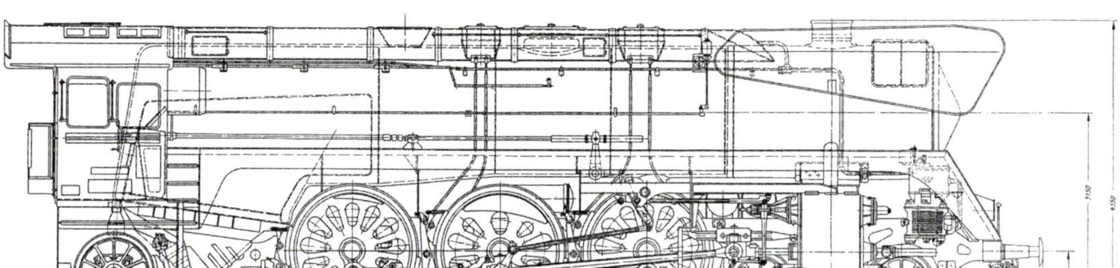

▲ **Ursprünglich wollte die Deutsche Reichsbahn 300 Maschinen der Baureihe 58 rekonstruieren. Letztlich wurden aber nur 56 Loks modernisiert. 58 3028-6 stand am 18. November 1979 im Bw Glauchau unter Dampf.** *Foto: Archiv D. Endisch*

▲ **Mit der Baureihe 01.5 gelang der Deutschen Reichsbahn der krönende Abschluss des Reko-Programms. 01 0535-3, die letzte Reko-01, wartete am 5. Mai 1978 im Bw Pasewalk auf den nächsten Einsatz.** *Foto: P. Gericke, Archiv D. Endisch*

5.1 Die Baureihe 03

Der DR waren nach dem Zweiten Weltkrieg 81 Schnellzugloks der Baureihe 03 verblieben. Nach der Ausmusterung der kriegsbeschädigten Maschinen standen der DR zu Beginn der 1950er-Jahre insgesamt 78 Loks zur Verfügung. Die Baureihe 03 bildete gemeinsam mit den Baureihen 01 und 03.10 das Rückgrat im schweren Schnellzugdienst. Bei ersten Überlegungen der HvM und der HvRaw hinsichtlich der zu rekonstruierenden Dampflok-Typen spielten zunächst weder die Baureihe 03 noch die Baureihe 01 eine Rolle. Erst 1958 wurden beide Gattungen in das Reko-Programm aufgenommen. Der Auslöser dafür war der schleppende Fortgang der Entwicklung der Dieselloks der Baureihe V 180 (ab 1970: 118), die im schweren Eil- und Schnellzugdienst eingesetzt werden konnte. Die HvM plädierte für eine Modernisierung der Baureihen 01 und 03. Die Kosten für die Baureihe 03 wurden auf rund 200.000 Mark pro Lok veranschlagt.

Doch bereits 1959 wurde die Baureihe 03 wieder aus dem Reko-Programm gestrichen. Dafür gab es im Wesentlichen zwei Gründe: Zum einen befanden sich die Kessel der Schnellzugloks im Vergleich zu anderen Baureihen in einem sehr guten Zustand, so dass das für die Erhaltung der Baureihe 03 zuständige Raw Karl-Marx-Stadt keinen Grund für eine Modernisierung sah. Zum anderen musste die DR aufgrund der seitens der SPK gekürzten Stahlkontingente auch ihr Reko-Programm zusammenstreichen.

Doch damit war eine Modernisierung der Baureihe 03 noch lange nicht vom Tisch. Im Gegenteil: Bei einer exakten Zustandsanalyse zeigte sich, dass das Raw Karl-Marx-Stadt seit Ende der 1950er-Jahre die Maschinen schrittweise vereinfacht hatte, obwohl dafür keine Genehmigungen von der HvM und der HvRaw vorlagen. Die DR erließ daher am 15. April 1959 eine Anweisung, wonach das Raw Karl-Marx-Stadt alle Loks wieder in den Urzustand zurückversetzen musste. Parallel dazu schlug das von Wolfgang Petznick (1929–2001) geleitete Büro für Erfinder- und Neuererwesen (BfN) eine Moderni-

▲ 03 2128-1 des Bw Leipzig Hbf West – hier in Meiningen am 15.09.1974 – besaß außerdem einen neuen Stehkessel (erkennbar an den fünf Waschluken).
Foto: Archiv D. Endisch

sierung der Baureihe 03 vor. Dabei sollte vor allem der Kesselwirkungsgrad verbessert werden. Dafür sollten die Maschinen mit einer MV-Anlage der Bauart IfS, einer Verbund-Mischpumpe (VMP-Pumpe), kleinen Windleitblechen sowie einem Aschkasten der Bauart Stühren ausgerüstet werden. Der Achskasten der Bauart Stühren hatte zusätzlich seitliche Luftklappen, mit deren Hilfe die Verbrennung verbessert werden konnte. Die HvM und die HvRaw stimmten den Umbau-Vorschlägen des BfN zu. Die HvM ordnete daher am 4. August 1960 die notwendigen Bauartänderungen an.
Danach begann das Raw Karl-Marx-Stadt mit dem Umbau der Schnellzuglokomotiven, deren Aussehen sich durch die MV-Anlage und die kleinen Windleitbleche erheblich veränderte. Lediglich 03 001 und 03 195 wurden nicht umgebaut. Sie waren bis zu ihrer Ausmusterung mit einem Oberflächen-Vorwärmer im Einsatz. Außerdem behielten die Umbauloks 03 098, 03 121 und 03 153 ihre großen Windleitbleche, die erst Jahre später entfernt wurden.
Bis Ende der 1960er-Jahre waren die Umbauloks der Baureihe 03 im schweren Eil- und Schnellzugdienst unentbehrlich. Durch die nachträgliche Rekonstruktion der Baureihe 03 (siehe Seite 70 f.) verkleinerte sich der Bestand der Umbau-Maschinen bis 1975 kontinuierlich. Die DR setzte jedoch vielerorts Umbau- und Rekoloks in gemeinsamen Umläufen ein. Die Reko-Maschinen unterschieden sich durch ihren Seitenzugregler sowie den dicht nebeneinander liegenden Dampfdom und Sandkasten deutlich von den Umbauloks. Erst ab 1976 verringerte sich die Zahl der Umbau-03er deutlich. Im August 1978 gehörten noch 03 030, 03 067, 03 083, 03 128, 03 156 und 03 172 zum Betriebspark. Ein Jahr später stand nur noch 03 128 unter Dampf. Als Heizlok überdauerte 03 128 noch bis Anfang 1981, bevor auch sie ausgemustert wurde. Eine Umbau-Maschine blieb als Museumsfahrzeug erhalten – die betriebsfähige 03 204 des Lausitzer Dampflok-Clubs in Cottbus.

TECHNISCHE DATEN

		03Umbau
Bauart		2´C1´h2
Betriebsgattung		S 36.17[1]
Länge über Puffer (Tender 2´2´ T 34)	mm	23.905
Höchstgeschwindigkeit v/r	km/h	130/50
Zylinderdurchmesser	mm	570
Kolbenhub	mm	660
Treib- und Kuppelraddurchmesser	mm	2.000
Laufraddurchmesser v/h	mm	850[2]/1.250
Kesselüberdruck	kp/cm^2	16
Rostfläche	m^2	4,05
Verdampfungsheizfläche	m^2	203,65
Dienstmasse (2/3 Vorräte)	t	158,3
Brennstoffvorrat	t	10
Wasserkasteninhalt	m^3	34
indizierte Leistung	PS_i	ca. 2.000
indizierte Zugkraft (0,8)	Mp	13,72

Anmerkungen
1 ab 03 123: S 36.18
2 ab 03 163: 1.000 mm

▼ **Die Baureihe 03 mit Altbau-Kessel und MV-Anlage** *Zeichnung: Archiv transpress*

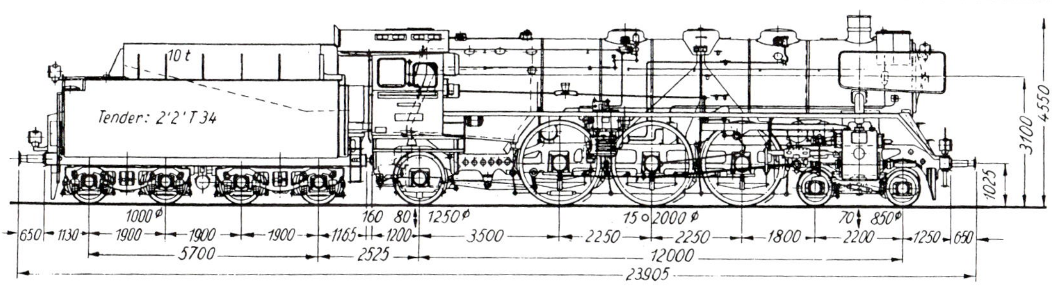

▲ **Das Raw Stendal rüstete insgesamt 69 Maschinen der Baureihe 52 mit einer MV-Anlage aus. Dazu gehörte auch 52 5448-7, die am 21. April 1981 im Bw Falkenberg (Elster) pausierte. Heute steht die Lok als Denkmal im Leipziger Hauptbahnhof.** *Foto: P. Gericke, Archiv D. Endisch*

5.2 Die Baureihe 52

In den Reichsbahndirektionen Berlin, Cottbus und Halle (Saale) trugen die während des Zweiten Weltkriegs entwickelten Lokomotiven der Baureihe 52 über Jahre hinweg die Hauptlast im Güterzugdienst. Der DR waren nach dem Zweiten Weltkrieg rund 1.500 Maschinen verblieben. Doch bis 1956 wurde der Bestand durch die Abgaben an die Sowjetunion, Verkäufe nach Bulgarien und die Ausmusterung von kriegszerstörten Maschinen deutlich verringert. Ende 1956 zählten noch 684 Maschinen zum Betriebspark. Für die Erhaltung der Kriegsloks war seit dem Frühjahr 1947 das Raw Stendal verantwortlich.

Ab dem Sommer 1955 verzeichnete das Raw Stendal eine deutliche Zunahme der Schäden an den Krauss-Helmholtz-Lenkgestellen. Die Ursache dafür war die durch die Kriegsproduktion vereinfachte Konstruktion der Krauss-Helmholtz-Lenkgestelle. Die Bleche der Deichsel waren gegenüber der Friedensproduktion um 14 % schwächer. Außerdem war der Rahmen des Lenkgestells nur noch ein U-förmiges Kastenprofil. Das Raw Stendal rechnete damit, dass rund 380 Maschinen mit einem neuen Lenkgestell ausgerüstet werden mussten. In diesem Zusammenhang genehmigte die DR Ende 1955 auch die Modernisierung von 20 Loks, die mit einer MV-Anlage und Achslagerstellkeilen ausgerüstet werden sollten. Der Einbau der MV-Anlagen erfolgte jedoch erst 1958.

Für diese Verzögerung gab es einen Grund: Seit dem Herbst 1956 stand nämlich die Rekonstruktion von 150 Maschinen der Baureihe 52 zur Debatte (siehe Seite 88 f.). Doch dieses Vorhaben wurde im Herbst 1956 vorübergehend zu den Akten gelegt. Stattdessen beschloss die DR eine GR für die Kriegsloks, die zunächst nur mit geschweißten Stehkesseln ausgerüstet werden sollten. Der Arbeitsumfang wurde später erweitert: Die Loks sollten nun eine MV-Anlage und eine VMP-Pumpe erhalten.

Diese Entscheidung fiel vor dem Hintergrund, dass die DR auf einen Teil der Baureihe 52 trotz der Rekonstruktion der Baureihe 50 und der Indienststellung der Baureihe 50.40 langfristig nicht verzichten konnte. Das im April 1958 vorgelegte Modernisierungsprogramm sah für 300 Maschinen eine GR vor. Die HvRaw veranschlagte die Kosten auf rund 180.000 Mark pro Lok.

1959 verließen die ersten GR-52er das Raw Stendal. Dort hatten sie Achslagerstellkeile, einen neuen geschweißten Stehkessel und eine MV-Anlage erhalten. Um Platz für den Mischkasten zu schaffen, musste die Rauchkammer vor dem Schornstein um 200 mm verlängert werden. Da der Überlauf-Mischbehälter auf dem Rahmen montiert wurde, verlegte man einen Hauptluftbehälter auf das rechte Umlaufblech.

Bereits 1960 schlug das Raw Stendal die Einstellung der GR vor und plädierte stattdessen für eine Rekonstruktion der Baureihe 52, da der Einbau des Stehkessels und der MV-Anlage zwischen 70.000 und 75.000 Mark kosteten. Ein neuer Reko-Kessel war hingegen für 72.000 Mark zu haben. Die HvM und die HvRaw stimmten der Idee aus Stendal zu, so dass die GR der Baureihe 52 langsam auslief. Bis 1964 verließen als GR-Loks 52 015, 52 032, 52 079, 52 105, 52 149, 52 177, 52 192, 52 228, 52 234, 52 302, 52 336, 52 344, 52 360, 52 395, 52 468, 52 705, 52 819, 52 1129, 52 1168, 52 1354, 52 1404, 52 1412, 52 1463, 52 1609, 52 1865, 52 1932, 52 1934, 52 1961, 52 2281, 52 2409, 52 2412, 52 2528, 52 2743, 52 3107, 52 3205, 52 3225, 52 3381, 52 4533, 52 4787, 52 4797, 52 4821, 52 4869, 52 4965, 52 5024, 52 5030, 52 5239, 52 5354, 52 5355, 52 5448, 52 5457, 52 5468, 52 5488, 52 5585, 52 5642, 52 5799, 52 5884, 52 5916, 52 5918, 52 5932, 52 5960, 52 6356, 52 6358, 52 6634, 52 6700, 52 6706, 52 6712, 52 6912, 52 6921 und 52 7238 das Raw Stendal. Bei späteren Hauptuntersuchungen tauschte das Raw Stendal die Kessel mit MV-Anlage mit anderen Dampferzeugern. 52 3548 erhielt so nachträglich eine MV-Anlage.

Die GR-52er wurden gemeinsam mit ihren Altbau- und Reko-Schwestern eingesetzt. In den 1970er-Jahren wurden die meisten Maschinen ausgemustert. Im Sommer 1985 waren nur noch die GR-Loks 52 360, 52 3548 und 52 5448 im Einsatz. Die 52 5448 wurde als letzte nicht rekonstruierte Kriegslok im Sommer 1986 abgestellt. Die letzten drei GR-52er blieben alle erhalten. Die vom Eisenbahn-Museum Vienenburg betreute 52 360 ist sogar betriebsfähig.

TECHNISCHE DATEN

Bauart		1´E h2
Betriebsgattung		G 56.15
Länge über Puffer (Tender 2´2´ T 30)	mm	22.975
Höchstgeschwindigkeit v/r	km/h	80/50
Zylinderdurchmesser	mm	600
Kolbenhub	mm	660
Treib- und Kuppelraddurchmesser	mm	1.400
Laufraddurchmesser v	mm	850
Kesselüberdruck	kp/cm²	16
Rostfläche	m²	3,9
Verdampfungsheizfläche	m²	177,6
Dienstmasse (2/3 Vorräte)	t	k.A.
Brennstoffvorrat	t	10
Wasserkasteninhalt	m³	30
indizierte Leistung	PS_i	1.620
indizierte Zugkraft (0,8)	Mp	21,72

▼ **Das Eisenbahnmuseum Vienenburg erwarb die GR-Lok 52 360, die heute als einzige ihrer Bauart betriebsfähig ist.** *Foto: K.-J. Kühne*

5.3 Die Baureihe 01.5

Die Baureihen 01 und 03 bildeten viele Jahre bei der DR das Rückgrat im Schnellzugdienst. Der DR waren jedoch nach dem Zweiten Weltkrieg nur 70 Maschinen der Baureihe 01 verblieben, von denen fünf wegen schwerer Schäden ausgemustert werden mussten. Da die Beschaffung einer neuen Schnellzug-Dampflok nicht möglich war und sich die Entwicklung moderner Dieselloks für den hochwertigen Reisezugdienst verzögerte, stand Ende der 1950er-Jahre die Rekonstruktion der Baureihe 01 zur Debatte. In diesem Zusammenhang wurde auch die Rekonstruktion der Baureihe 03 erörtert (siehe Seiten 64 f. und 70 f.). Nach kontrovers geführten Diskussionen genehmigte die HvM im Frühjahr 1958 die Rekonstruktion der Baureihe 01. Kernpunkt der Modernisierung waren der Einbau eines leistungsfähigen, geschweißten Verbrennungskammer-Kessels und die Beseitigung konstruktiver Schwächen der Baureihe 01. Am 17. Mai 1958 erhielt die von Max Baumberg geführte FVA Halle (Saale) den Auftrag, einen Verbrennungskammer-Kessel für die Baureihe 01 zu entwickeln. Parallel dazu begannen auch die Vorarbeiten für die anderen konstruktiven Änderungen. Unter anderem stand auch der Einbau eines dritten Zylinders zur Diskussion, was jedoch aufgrund der hohen Kosten unterblieb. Großes Augenmerk legte die DR auf die äußere Gestaltung der Reko-01er. Max Baumberg und seine Mitstreiter wollten aus der alten Baureihe 01 eine moderne und imposante Schnellzug-Dampflok machen. Das gelang ihnen vortrefflich: Der hochliegende Kessel, die vom Führerhaus bis zum Mischkasten der MV-Anlage reichende Domverkleidung, die kegelige Rauchkammertür und die steile Frontschürze gaben der Reko-01 ein unverwechselbares Aussehen. Doch bis die erste Maschine der Baureihe 01.5 das Raw Meiningen verließ, vergingen noch etliche Monate. Erst am 30. April 1962 ging 01 501 auf ihre Abnahmefahrt. Im Gegensatz zu den später umgebauten Maschinen besaß sie andere Windleitbleche, die aufgrund ihrer eigenwilligen Form den Spitznamen »Fledermausohren« erhielten.

Die ersten Probefahrten mit der 01 501 waren ernüchternd. Die Lok offenbarte zahlreiche Mängel, deren Beseitigung die ohnehin hohen Kosten für die Rekonstruktion der Baureihe 01 weiter ansteigen ließen. Ein besonders teurer Missgriff

▲ Die Bahnbetriebswerke Erfurt P und Wittenberge setzten ihre Reko-01er bevorzugt im Interzonenverkehr nach Bebra und Hamburg ein. Ende der 1960er-Jahre stand die Erfurter 01 524 im Bahnhof Bebra. *Foto: Slg. Koppisch, Archiv transpress*

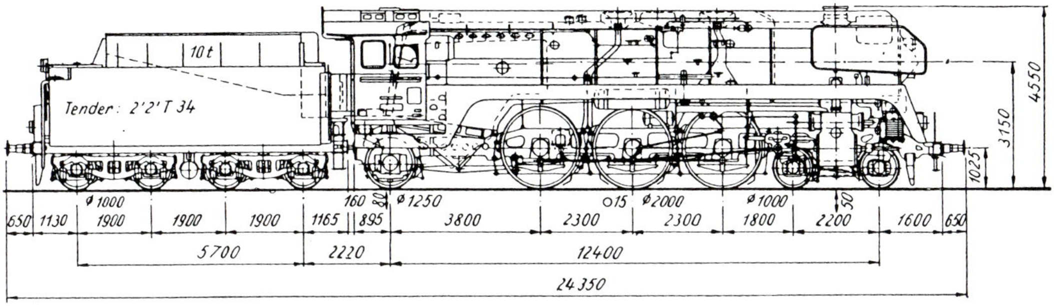

▲ Die Baureihe 01.5 mit Kohlefeuerung *Zeichnung: Archiv transpress*

der DR waren die ab 01 504 erstmals genutzten Boxpok-Räder. Insgesamt zwölf Maschinen erhielten die gegossenen Radsätze, die später durch verstärkte Speichenräder ersetzt wurden. Die Probleme mit den ersten Reko-01ern löste bei der DR im Mai 1963 einen heftigen Streit um das Für und Wider der Baureihe 01.5 aus. Ein entscheidendes Argument gegen die Modernisierung aller 65 Maschinen der Baureihe 01 war der Preis von über 400.000 Mark. Die HvM entschied daher am 22. November 1963, nur 35 Loks im Raw Meiningen umbauen zu lassen. Davon sollten 28 mit einer Ölhauptfeuerung ausgerüstet werden. Als letzte ihrer Baureihe verließ schließlich 01 535 am 31. Mai 1965 das Raw Meiningen.

Trotz der anfänglichen Probleme entpuppte sich die Baureihe 01.5 als eine der besten deutschen Dampflok-Typen. In Sachen Leistung und Zugkraft waren die Reko-Maschinen den Altbauloks deutlich überlegen. Der Reko-Kessel des Typs »01E« konnte dank einer Heizflächenbelastung von 75 kg/m²h bis zu 16,8 t Dampf je Stunde erzeugen. Dies ermöglichte bei der Ölhauptfeuerung eine indizierte Lokleistung von etwa 2.500 PSi.

Dieses Leistungsvermögen nutzte die DR natürlich voll aus. Die ölgefeuerten Reko-01er waren zunächst in den Bahnbetriebswerken Erfurt P und Wittenberge konzentriert, wo sie in erster Linie im Interzonenverkehr nach Bebra und Hamburg eingesetzt wurden. Die Kohleloks 01 506, 01 511, 01 512, 01 514, 01 515, 01 516 und 01 518 gehörten zum Bw Berlin Ostbahnhof. Ab 1973 verteilte die DR die Ölloks auf die Bahnbetriebswerke Rostock, Pasewalk und Saalfeld. Für negative Schlagzeilen sorgte die Berliner 01 516: Aufgrund von Wassermangel explodierte ihr Kessel am 27. November 1977 im Bahnhof Bitterfeld. Dabei starben sieben Menschen, darunter auch das Lokpersonal.

1980 wurden einige der noch vorhandenen Kohleloks infolge der einsetzenden Energiekrise wieder für den Zugdienst reaktiviert, zunächst im Bw Saalfeld und ab 1982 in den Bahnbetriebswerken Güsten und Halberstadt. Als letzte ölgefeuerte Maschine quittierte 01 520 am 8. Januar 1982 den Dienst im Bw Saalfeld. Die Kohleloks hatten wenig später ausgedient. Das Bw Magdeburg setzte 01 512 am 29. September 1982 letztmalig planmäßig ein. Anschließend wurden die meisten Reko-01er verschrottet. In Deutschland (01 509, 01 514, 01 519 und 01 531) und Österreich (01 533) blieben fünf Exemplare erhalten.

TECHNISCHE DATEN

		Kohlefeuerung	Ölhauptfeuerung
Bauart		2´C1´h2	2´C1´h2
Betriebsgattung		S 36.20	S 36.20
Länge über Puffer	mm	24.350	24.350
(Tender 2´2´ T 34)			
Höchstgeschwindigkeit v/r	km/h	130/50	130/50
Zylinderdurchmesser	mm	600	600
Kolbenhub	mm	660	660
Treib- und Kuppelrad-durchmesser	mm	2.000	2.000
Laufraddurchmesser v/h	mm	1.000/1.250	1.000/1.250
Kesselüberdruck	kp/cm²	16	16
Rostfläche	m²	4,87	4,87
Verdampfungsheizfläche	m²	224,5	224,5
Dienstmasse (2/3 Vorräte)	t	169,0	174,3
Brennstoffvorrat	t	10	13,5[1]
Wasserkasteninhalt	m³	34	34
indizierte Leistung	PS_i	ca. 2.300	ca. 2.500
indizierte Zugkraft (0,8)	Mp	15,2	15,2

Anmerkung:
1 13,5 m³ Heizöl

5.4 Die Baureihe 03^{Reko}

Die eleganten Schnellzug-Maschinen der Baureihe 03 standen in der Fachwelt und bei den Eisenbahnfreunden meist im Schatten der weitaus bekannteren Baureihe 01. Als die zuständigen Gremien der DR Ende der 1950er-Jahre die Rekonstruktion der Baureihen 01 und 03 erörterten, fiel die Entscheidung zu Gunsten der Baureihe 01 (siehe Seite 70 f.) aus. Die Baureihe 03 wurde lediglich im Rahmen des so genannten »Generalreparatur-Programms« modernisiert (siehe Seite 64 f.).
Als 1963 die Rekonstruktion der Baureihe 01 aus Kostengründen abgebrochen wurde, brachte der Leiter des BfN, Wolfgang Petznick, erneut die Modernisierung der Baureihe 03 ins Spiel. Petznick wollte dabei auf die bei der Rekonstruktion der Baureihe 01 bereits verplanten Mittel zurückgreifen. Die Reko-03er sollten analog den Baureihen 03.10, 22 und 41 mit Verbrennungskammer-Kesseln des Typs »39E« ausgerüstet und zur Baureihe 03.5 umgezeichnet werden. Bis 1966 war die Indienststellung von zunächst zwölf Reko-03ern geplant. Doch Wolfgang Petznick konnte sich mit seinen Ideen nicht durchsetzen. Der Baureihe 03 blieb die Rekonstruktion weiterhin verwehrt.
Dies änderte sich im Sommer 1968. Das Politbüro der SED beauftragte die HvM, eine so genannte »strategische Dampflokreserve« aufzubauen. Zu dieser Reserve sollten auch 45 Schnellzugloks der Baureihe 03 gehören. Parallel dazu schritt der Traktionswechsel bei der DR deutlich voran. Vor allem mit der Aufnahme der elektrischen Zugförderung auf der als »Sachsenmagistrale« bezeichneten Hauptbahn Dresden–Zwickau (Sachs)–Reichenbach (Vogtland) konnte die DR auf zahlreiche Dampfloks verzichten. Dazu gehörten auch die Reko-Maschinen der Baureihe 22 (siehe Seite 80 f.). Die erst wenige Jahre alten Loks sollten nun verschrottet oder zu Dampfspendern umgebaut werden. Dies wäre jedoch eine Verschwendung von Material und Geld gewesen. Vor diesem Hintergrund schlug Wolfgang Petznick die Verwendung der 22er-Kessel für eine Rekonstruktion der Baureihe 03 vor. Die HvRaw erteilte schließlich am 23. September 1968 dem Raw Meiningen und der Versuchs- und Entwicklungsstelle der Maschinenwirtschaft (VES-M) in Halle (Saale) den Auftrag, mit den notwendigen Konstruktionsarbeiten zu beginnen. Bereits am 29. Oktober 1968 lagen der HvRaw die gewünschten Unterlagen vor. Der Einbau des Reko-Kessels einschließlich der dazu notwendigen Änderungen an den Maschinen kostete lediglich 10.574 Mark pro Lok. Die HvM stimmte schließlich der Modernisierung der Baureihe 03 zu,
Bereits Anfang 1969 erhielten 03 081 und 03 151 im Raw Meiningen einen Verbrennungskammer-Kessel des Typs »39E«. Beide Loks wurden am 3. Februar 1969 in Dienst gestellt. Anschließend setzte das Bw Berlin Ostbahnhof die beiden Reko-03er probeweise in den Plänen der Altbau-01er ein. Die Reko-03er erwiesen sich dabei als durchaus adäquater Ersatz für die Baureihe 01. Die HvRaw ordnete daher am 13. Juni 1969 den Umbau weiterer 43 Maschinen bis 1972 an. Die Rekoloks unterschieden sich äußerlich deutlich von den GR-Maschinen. Die Reko-03er hatten nur einen Dampfdom und einen geschweißten Sandkasten. Weiteres Unterscheidungsmerkmale waren der Seitenzugregler und die größere Zahl der Waschluken am Stehkessel. Entgegen den Vorgaben der HvRaw rüstete das Raw Meiningen bis 1975 insgesamt 52 Maschinen der Baureihe 03 mit einem Reko-Kessel aus. Als letzte ihrer Gattung wurde 03 058 am 21. Oktober 1975 abgenommen.
Zu diesem Zeitpunkt verlor die Dampftraktion im schweren Schnellzugdienst bereits immer mehr an Bedeutung. 1977 wurden die ersten Reko-03er ausgemustert. Ein Jahr später setzten nur noch die Bahnbetriebswerke Güsten und Lutherstadt Wittenberg einige Reko-03er im Betriebsdienst ein. Im Sommer 1980 standen noch 03 002 (Bw Güsten) und 03 117 (Bw Oebisfelde) unter Dampf. 03 002 wurde schließlich als letzte im Herbst 1980 abgestellt. Die meisten Reko-03er wurden ausgemustert. Lediglich 03 098 (Sinsheim), 03 155 (Dieringhausen) und 03 295 (Nördlingen) blieben als Museumsloks erhalten.

TECHNISCHE DATEN

Bauart		2´C1´h2
Betriebsgattung		S 36.17[1]
Länge über Puffer (Tender 2´2´ T 34)	mm	23.905
Höchstgeschwindigkeit v/r	km/h	130/50
Zylinderdurchmesser	mm	570
Kolbenhub	mm	660
Treib- und Kuppelraddurchmesser	mm	2.000
Laufraddurchmesser v/h	mm	850[2]/1.250
Kesselüberdruck	kp/cm^2	16
Rostfläche	m^2	4,23
Verdampfungsheizfläche	m^2	206,3
Dienstmasse (2/3 Vorräte)	t	159,4
Brennstoffvorrat	t	10
Wasserkasteninhalt	m^3	34
indizierte Leistung	PS_i	ca. 2.100
indizierte Zugkraft (0,8)	Mp	13,72

Anmerkungen:
1 ab 03 123: S 36.18
2 ab 03 163: 1.000 mm

▲ **Die Reko-03er unterschieden sich durch den Seitenzugregler, den fehlenden Speisedom und den eckigen Sandkasten deutlich von den GR- und Altbau-Maschinen. 03 2155-4 – hier am 4. März 1978 im Bw Lutherstadt Wittenberg – blieb als Museumslok in Dieringhausen erhalten.**

Foto: P. Gericke, Archiv D. Endisch

▲ **Zwischen 1969 und 1975 rüstete das Raw Meiningen insgesamt 52 Maschinen der Baureihe 03 mit altbrauchbaren Reko-Kesseln des Typs »39E« von ausgemusterten 22ern aus. 03 2002-8 (ex 03 002) war die letzte betriebsfähige Reko-03er. Sie wartete am 13. Mai 1979 in Lutherstadt Wittenberg auf neue Einsätze.**

Foto: P. Gericke, Archiv D. Endisch

5.5 Die Baureihe 03.10

Der DR verblieben nach dem Zweiten Weltkrieg 19 Stromlinien-Dampfloks der Baureihe 03.10, von denen 18 Maschinen zwischen 1952 und 1954 gründlich instandgesetzt wurden. Dabei ließ die DR die Stromlinienverkleidung entfernen und die Maschinen in ihrem Erscheinungsbild den Einheitsloks anpassen. Dazu gehörten u.a. große Windleitbleche, eine breite Rauchkammerschürze und durchgehende Umlaufbleche. 03 1087 wurde außerdem versuchsweise mit einer Kohlenstaubfeuerung des Systems Wendler (siehe Seite 24 f.) ausgerüstet. Die kohlegefeuerten Loks der Baureihe 03.10 konzentrierte die DR in den Bahnbetriebswerken Dresden-Altstadt, Leipzig Hbf West und Stralsund.

Ende der 1950er-Jahre traten bei den aus dem spröden und nicht alterungsbeständigen Stahl St 47 K hergestellten Kesseln der Baureihe 03.10 schwere Schäden auf. Bereits 1955 beschäftigten sich Experten der DR mit diesem Problem, das letztlich zur Rekonstruktion der Baureihe 03.10 führte. Da sich jedoch die Entwicklung des Reko-Kessels des Typs »39E«, der auch für die Baureihen 22 und 41 vorgesehen war, verzögerte, wurden 1957 zwei Maschinen mit geschweißten Ersatzkesseln (siehe Seite 50 ff.) ausgerüstet. Doch damit konnte der Bedarf nicht gedeckt werden. Die HvRaw ordnete daher 1957 für vier Kessel der Baureihe 03.10 eine GR an, die das Raw Halberstadt übernahm. Der weitere Einsatz der mit St 47 K-Kesseln ausgerüsteten Baureihe 03.10 hatte schwerwiegende Folgen – am 30. September 1958 explodierte im Bahnhof Wünsdorf der Kessel der 03 1046. Das Ministerium für Verkehrswesen (MfV) setzte umgehend eine Untersuchungskommission ein, die bereits am 6. Oktober 1958 ihren Abschlussbericht vorlegte. Als Ursache für die Kesselexplosion stellte die Untersuchungskommission Materialermüdung an den Schweißnähten des St 47 K-Kessels fest. Die HvM ordnete aus diesem Grund die umgehende Rekonstruktion der Baureihe 03.10 an. Bereits Ende 1958 begannen im Raw Meiningen die Arbeiten an 03 1010, 03 1048 und 03 1080. Als erste ihrer Baureihe wurde 03 1010 am 10. Februar 1959 fertig gestellt. Bis zum 31. Dezember 1959 rüstete das Raw Meiningen die anderen 15 Maschinen mit einem Reko-Kessel des Typs »39E« aus. Bei dieser Gelegenheit wurden die Maschinen der Baureihe 03.10 auch mit einer MV-Anlage der Bauart IfS ausgerüstet. Lediglich 03 1010 und 03 1074 behielten ihre Oberflächenvorwärmer, da die VES-M Halle (Saale) die beiden Maschinen als Bremsloks nutzte.

Nach der Rekonstruktion zog die DR die Baureihe 03.10 im Bw Stralsund zusammen. Von hieraus bestritten die Maschinen für rund zwei Jahrzehnte den schweren Eil- und Schnellzugdienst auf den Strecken nach Berlin, Rostock und Saßnitz. 03 1010 (1959–1974) und 03 1074 (1960–1962, 1963–1967) waren hingegen im Bw Halle P stationiert. Wenn die VES-M Halle (Saale) die beiden Maschinen nicht für Versuchsfahrten benötigte, setzte das Bw Halle P die Loks auf den Strecken nach Berlin, Eisenach und Saalfeld ein.

Das Raw Meiningen rüstete zwischen 1965 und 1972 insgesamt 16 Loks der Baureihe 03.10 mit einer Ölhauptfeuerung aus. In diesem Zusammenhang wurden 03 1077 (Abnahme am 18.07.1966) und 03 1088 (Abnahme am 26.05.1966) nachträglich mit einem Reko-Kessel ausgerüstet. Die beiden Kohleloks 03 1057 und 03 1087 musterte die DR 1975 aus. Zu diesem Zeitpunkt waren alle 03.10 in Stralsund stationiert. Dort legten die Maschinen bis zu 20.000 km im Monat zurück. Erst Ende der 1970er-Jahre zeichnete sich das Ende der Baureihe 03.10 ab. Das Bw Stralsund ersetzte die eleganten Schnellzug-Dampfloks

TECHNISCHE DATEN

		Kohlefeuerung	Ölhauptfeuerung
Bauart		2´C1´h3	2´C1´h3
Betriebsgattung		S 36.18	S 36.18
Länge über Puffer (Tender 2´2´ T 34)	mm	23.905	23.905
Höchstgeschwindigkeit v/r	km/h	140/50	140/50
Zylinderdurchmesser	mm	470	470
Kolbenhub	mm	660	660
Treib- und Kuppelrad-durchmesser	mm	2.000	2.000
Laufraddurchmesser v/h	mm	1.000/1.250	1.000/1.250
Kesselüberdruck	kp/cm^2	16	16
Rostfläche	m^2	4,23	4,23
Verdampfungsheizfläche	m^2	206,3	206,3
Dienstmasse (2/3 Vorräte)	t	162,0	167,3
Brennstoffvorrat	t	10	13,5[1]
Wasserkasteninhalt	m^3	34	34
indizierte Leistung	PS_i	ca. 1.900	ca. 2.000
indizierte Zugkraft (0,8)	Mp	14	14

Anmerkung:

1 13,5 m^3 Heizöl

▲ **Die DR konzentrierte die Reko-Loks der Baureihe 03.10 im Bw Stralsund. Dort wartete 03 0019-4 (ex 03 1019) am 6. Mai 1978 auf ihren nächsten Einsatz. Nur ein Jahr später, am 21. Juni 1979, wurde die Maschine z-gestellt.** *Foto: Archiv D. Endisch*

ab 1977 durch sowjetische Dieselloks der Baureihen 132 und 142. Im Winterfahrplan 1979/80 bespannte das Bw Stralsund mit der Baureihe 03.10 nur noch das Zugpaar D 813/914 nach Berlin-Lichtenberg. Der Plandienst endete dann offiziell am 31. Mai 1980.

Die DR ließ 03 1010 als offizielle Museumslok 1982 im Raw Meiningen auf Kohlefeuerung zurückbauen. Die Maschine wird seither im ehemaligen Bw Halle P betreut. Als nicht betriebsfähiges Schaustück blieb außerdem 03 1090 (Schwerin) erhalten.

▼ **Die Baureihe 03.10 mit Kohlefeuerung** *Zeichnung: Archiv transpress*

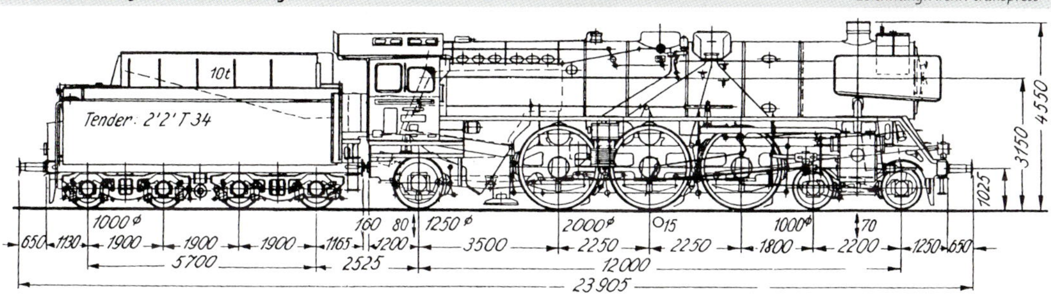

5.6 Die Schnellfahrlok 18 201

Ende der 1950er-Jahre benötigte die DR für die Erprobung neuer, für den Export bestimmter Reisezugwagen eine Lokomotive, die für eine Geschwindigkeit von 160 km/h zugelassen war. Da entsprechende Diesel- und Elektroloks nicht vorhanden und kurzfristig nicht zu beschaffen waren, suchte die VES-M Halle geeignete Dampfloks. Für Höchstgeschwindigkeiten von 150 km/h und mehr hatte die Deutsche Reichsbahn-Gesellschaft (DRG) nur die Baureihen 05 und 61 beschafft. Der DR war nach dem Zweiten Weltkrieg nur die 1939 für den Henschel-Wegmann-Zug gebaute Tenderlok 61 002 verblieben. Die Dreizylinder-Maschine war zwar für 175 km/h zugelassen und besaß ein ausgezeichnetes Lauf- und Fahrwerk, doch der Kessel war für die Maschinenleistung zu klein bemessen. Außerdem bestand der Dampferzeuger aus dem nicht alterungsbeständigen Stahl St 47 K, der einen weiteren Einsatz der 61 002 unmöglich machte. Der Leiter der VES-M, Max Baumberg, schlug daher am 27. Januar 1959 im Rahmen des Reko-Programms den Umbau der 61 002 zur benötigten Schnellfahrlok vor. Die dafür notwendigen konstruktiven Arbeiten erledigte die VES-M selbst. Auf das Fahrwerk der 61 002 wurde ein Verbrennungskammer-Kessel des Typs »39E« gesetzt. Dafür musste lediglich die Rauchkammer angepasst werden. Da der Reko-Kessel nur für einen Druck von 16 kp/cm² zugelassen war (der Druck des alten Kessels betrug 20 kp/cm²), benötigte die Schnellfahrlok neue Außen-Zylinder, die von der ausgemusterten Versuchslok H 45 024 stammten. Von der H 45 024 wurde außerdem das hintere Rahmenteil mit der Laufachse und der Rückstellvorrichtung verwendet. Der neue Mittelzylinder der Schnellfahrlok war eine neuentwickelte Schweißkonstruktion.

Der Umbau der 61 002 zu einer Schlepptenderlok erfolgte im Raw Meiningen. Bereits am 31. Mai 1961 stellte die DR die Schnellfahrlok 18 201 in Dienst. Optisch hob sich die 18 201 durch ihre kleinen, geschwungenen Windleitbleche, die Domverkleidung, die spitze Rauchkammertür und die stromlinienähnliche Verkleidung ab. Die grüne Lackierung mit dem weißen Zierstreifen unterstrich die besondere Stellung der 18 201 im Fahrzeugpark der DR. Nach ihrer Indienststellung war die Lok im Bw Halle P stationiert. Dort wurde die als »Jimmo« bezeichnete

▲ Für Schnellfahrversuche entwickelte die VES-M Halle (Saale) die 18 201. Die grüne Lackierung mit dem weißen Zierstreifen unterstrich die besondere Stellung der Maschine im Fahrzeugpark der DR. 18 201 (ab 1970: 02 0201-0) ist heute die schnellste betriebsfähige Dampflok der Welt.

Foto: Slg. Koppisch, Archiv transpress

Lok entweder für Versuchsfahrten oder im Plandienst eingesetzt. 1964 erreichte 18 201 auf dem Versuchsring in Prag-Velin eine Höchstgeschwindigkeit von 176 km/h. Ab Mai 1965 wurde »Jimmo« nur noch für Mess- und Sonderfahrten genutzt. 1976 absolvierte die Lok ihren letzten Schnellfahrversuch.

Die im Sommer 1967 mit einer Ölhauptfeuerung ausgerüstete Maschine wurde am 1. Juni 1970 zu 02 0201-0 umgezeichnet. Ab 1980 gehörte die 18 201 zu den Museumsfahrzeugen der DR. Heute ist die schnellste betriebsfähige Dampflok der Welt im ehemaligen Bw Nossen zuhause.

TECHNISCHE DATEN

Bauart		2´C1´h3
Betriebsgattung		S 36.20
Länge über Puffer (Tender 2´2´ T 34)	mm	25.145
Höchstgeschwindigkeit v/r	km/h	175/50
Zylinderdurchmesser	mm	520
Kolbenhub	mm	660
Treib- und Kuppelraddurchmesser	mm	2.300
Laufraddurchmesser v/h	mm	1.100/1.250
Kesselüberdruck	kp/cm^2	16
Rostfläche	m^2	4,23
Verdampfungsheizfläche	m^2	206,3
Dienstmasse (2/3 Vorräte)	t	176,9
Brennstoffvorrat	t	13,5[1]
Wasserkasteninhalt	m^3	34
indizierte Leistung	PS_i	ca. 1.800
indizierte Zugkraft (0,8)	Mp	?
Anmerkung:		
1 13,5 m^3 Heizöl		

▲ **Max Baumberg**

Foto: Sammlung A. Gottwaldt

Max Baumberg

Der Leiter der VES-M Halle (Saale) wurde am 12. März 1906 in Arnstadt geboren. Er studierte nach dem Abitur in Königsberg und Danzig Maschinenbau. Anschließend trat er in die Dienste der Reichsbahn, wo er zunächst im RAW Meiningen beschäftigt war. Nach der Staatsprüfung war er ab 1936 im Lokomotiv-Versuchsamt (LVA) Grunewald tätig. Ab 1940 war er Übernahmeleiter für Loks im französischen Ausbesserungswerk Tours, bevor er von 1941 bis 1944 das belgische Ausbesserungswerk Namur leitete. Nach dem Zweiten Weltkrieg war er bis 1949 Vorsteher des Raw Stendal. Nach der Gründung der FVA (ab 1960: VES-M) wechselte er nach Halle (Saale), wo er 1952 die Leitung der Versuchsanstalt übernahm. In dieser Funktion prägte Baumberg nicht nur maßgeblich die Entwicklung der Neubau- und Reko-Dampfloks der DR, sondern zog in Halle als Versuchs- und Bremsloks mehrere in der DDR einzigartige Dampfloks zusammen. Dazu gehörten neben 18 201 u.a. 18 314, 19 015, 19 022 und 23 001. Auf eigenen Wunsch trat Max Baumberg nach Vollendung seines 65. Lebensjahres in den Ruhestand. Am 8. November 1978 verstarb er.

▼ **Schnellfahrlok 18 201 mit Kohlefeuerung** *Zeichnung: Archiv transpress*

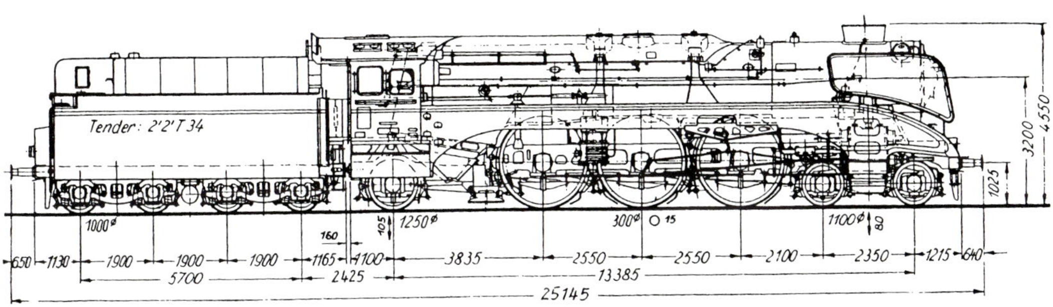

5.7 Die Baureihe 18.3

Der Leiter der VES-M Halle (Saale), Max Baumberg (siehe Kasten Seite 75), hatte ein großes Faible für südwestdeutsche Vierzylinderverbund-Schnellzugloks. Der DR in der SBZ war jedoch nur die 18 434, eine ehemalige bayerische S 3/6, verblieben. In seiner Funktion als Vorsteher des Raw Stendal gelang es Max Baumberg, die 18 434 nach Stendal zu holen. Die bayerische S 3/6 wollte er jedoch gegen eine Lok der Baureihe 18.3 tauschen. Dies gelang ihm auf dem »kleinen Dienstweg« mit Theodor Düring, der in den westlichen Besatzungszonen das Eisenbahn-Versuchswesen wieder aufbaute. Er und Baumberg kannten sich persönlich. Tatsächlich tauschten beide am 2. Juni 1948 in Helmstedt die 18 434 gegen die 18 314. Nach einer Hauptuntersuchung im Sommer 1948 bespannte die ehemalige badische IV h Dienstzüge des Raw Stendal. Ab 1950 war die Lok im Bw Dresden-Altstadt beheimatet, wo sie kurze Zeit später abgestellt wurde.

Die 1950 gegründete LVA Halle (Saale), die ab 1952 von Max Baumberg geleitet wurde, benötigte Bremslokomotiven. Für diesen Zweck war die 18 314 aufgrund ihres Vierzylinderverbund-Triebwerkes bestens geeignet. Baumberg holte die Lok nach Halle, wo sie ab 1951 zuhause war.

Ende der 1950er-Jahre wies die von den Personalen als »Schorsch« bezeichnete Maschine erhebliche Verschleißerscheinungen auf. Vor allem der Kessel musste dringend ersetzt werden. Da die für 140 km/h zugelassene 18 314 auch für Laufgüte-Untersuchungen bei Reisezugwagen genutzt wurde, gelang es Baumberg, die ehemalige IV h im Rahmen des Reko-Programms gründlich zu modernisieren.

▲ **Durch die Verkleidung des Zylinderblocks und die kleinen geschwungenen Windleitbleche erhielt die 18 314 ein modernes Aussehen. Typisch für den »Schorsch« waren außerdem der Krempenschornstein und die kegelige Rauchkammertür. Die Lackierung – grün mit weißem Zierstreifen – entsprach jener der 18 201.** *Foto: Slg. J. Töpelmann, Archiv transpress*

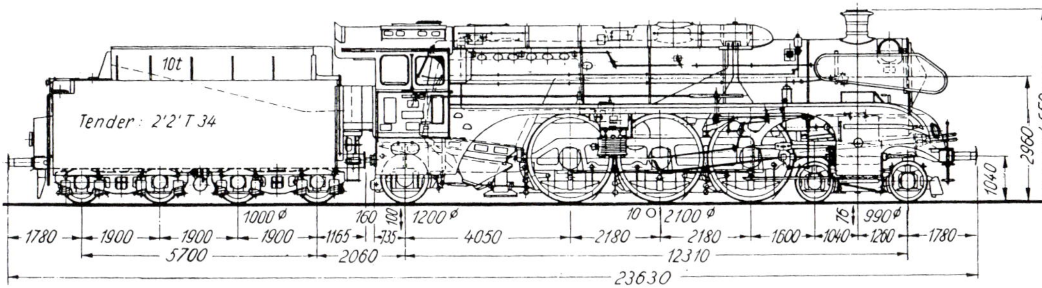

▲ **Baureihe 18.3 mit Kohlefeuerung** *Zeichnung: Archiv transpress*

Diese Aufgabe übernahm das Raw Zwickau (14.03.–16.12.1960), das die 18 314 mit einem leicht modifizierten Verbrennungskammer-Kessel des Typs »39E« ausrüstete. Außerdem erhielt der »Schorsch« ein neues Einheitsführerhaus, einen Einheitstender der Bauart 2´2´T34 und kleine Windleitbleche. Neu waren auch die Domverkleidung, die spitze Rauchkammertür und die Blechverkleidung für den Zylinderblock. Auf Betreiben der VES-M wurde die Lok grün mit einem weißen Zierstreifen lackiert. Durch die Veränderung des Massenausgleichs und den Einbau einer schnellwirkenden Knorr-Bremse (Kssbr) konnte die zulässige Höchstgeschwindigkeit der 18 314 von 140 auf 150 km/h angehoben werden. Nach der Rekonstruktion im Raw Zwickau hatte sich das Aussehen des »Schorsch« grundlegend geändert.

Die Maschine wurde nach der Fertigstellung im Dezember 1960 wieder dem Bw Halle P zugewiesen. Die Dienststelle setzte die 18 314 entweder vor Versuchszügen der VES-M Halle (Saale) ein oder bespannte mit ihr planmäßige Eil- und Schnellzüge. Meist war der »Schorsch« auf den Strecken nach Berlin, Eisenach und Saalfeld im Einsatz. Während einer Hauptuntersuchung Ende 1967 rüstete das Raw Meiningen die ehemalige badische IV h mit einer Ölhauptfeuerung aus. Mit der Einführung der EDV-gerechten Betriebs-Nr. am 1. Juni 1970 wurde die 18 314 zur 02 0314-1 umgezeichnet.

Zu diesem Zeitpunkt waren die Tage der Lok bereits gezählt. Am 31. Dezember 1971 wurde der »Schorsch« abgestellt und im Sommer 1972 dem Verkehrsmuseum Dresden als Schaustück übergeben. Leider wurde die in Lokschuppen von Meuselwitz hinterstellte Maschine nur selten auf Fahrzeugausstellungen präsentiert. Anfang 1984 verkaufte die DR die einzigartige Lok in die Bundesrepublik. Seit 1986 gehört der »Schorsch« zur Fahrzeugsammlung des »Auto & Technik Museums Sinsheim«.

TECHNISCHE DATEN

Bauart		2´C1´h4v
Betriebsgattung		S 36.19
Länge über Puffer (Tender 2´2´T 34)	mm	23.630
Höchstgeschwindigkeit v/r	km/h	150/50
Zylinderdurchmesser (HD/ND)	mm	440/680
Kolbenhub	mm	680
Treib- und Kuppelraddurchmesser	mm	2.100
Laufraddurchmesser v/h	mm	990/1.200
Kesselüberdruck	kp/cm^2	16
Rostfläche	m^2	4,23
Verdampfungsheizfläche	m^2	199,5
Dienstmasse (2/3 Vorräte)	t	168,3
Brennstoffvorrat	t	13,5[1]
Wasserkasteninhalt	m^3	34
indizierte Leistung	PS_i	ca. 2.000
indizierte Zugkraft (0,8)	Mp	9,1

Anmerkung:

1 13,5 m^2 Heizöl

5.8 Die Baureihe 19

Nicht ohne Grund tragen die imposanten Dampfloks der ehemaligen Gattung XX HV der Sächsischen Staatseisenbahnen (Sächs.Sts.E.) bis heute den Beinamen »Sachsenstolz«. Die zwischen 1918 und 1923 gebauten Maschinen (23 Stück) der späteren Baureihe 19 waren bei ihrer Indienststellung die größten Schnellzugdampfloks in Europa. Die 1´D 1´h4v-Maschinen waren in erster Linie für den schweren Schnellzugdienst auf der so genannten »Sachsenmagistrale« Dresden–Zwickau (Sachs)–Reichenbach (Vogtland)–Hof bestimmt. Obwohl die Baureihe 19 das Leistungsprogramm erfüllte, wies der »Sachsenstolz« einen erheblichen Mangel auf – die Leistungen von Triebwerk und Kessel waren schlecht aufeinander abgestimmt, so dass der Kessel leicht zum Erschöpfen neigte. Trotzdem konnten die Bahnbetriebswerke Dresden-Altstadt und Reichenbach viele Jahre nicht auf die Dienste der Baureihe 19 verzichten.

Nach dem Zweiten Weltkrieg waren nur noch wenige Exemplare des »Sachsenstolzes« einsatzfähig. Die DR musste zwischen 1946 und 1951 insgesamt neun Loks wegen irreparabler Schäden ausmustern. Die anderen Maschinen wurden wieder aufgearbeitet und im schweren Schnellzugdienst eingesetzt. Ab 1959 benötigte die DR den »Sachsenstolz« jedoch nicht mehr und musterte die wartungsintensiven Maschinen aus.

Lediglich in der VES-M Halle verblieben einige Exemplare der Baureihe 19 als Bremsloks. Ab 1956 wurden dafür 19 012, 19 015 und 19 017 vorgehalten. Aufgrund ihrer vier Kuppelachsen und des mächtigen Vierzylinder-Verbundtriebwerkes war der »Sachsenstolz« die geradezu ideale Bremslok. Da die VES-M Halle zu Beginn der 1960er-Jahre mittelfristig noch nicht auf die Dienste der Baureihe 19 verzichten konnte, schlug Max Baumberg 1961 die Rekonstruktion des »Sachsenstolzes« vor. Die Idee als solche war nicht neu. Bereits Ende der 1950er-Jahre stand bei den ersten Überlegungen zum Reko-Programm die

▲ **Die als Bremsloks genutzten 19 015 und 19 022 wurden 1964/65 im Raw Meiningen rekonstruiert und 1967 mit einer Ölhauptfeuerung ausgerüstet. Ab Anfang der 1970er-Jahre standen die beiden als Baureihe 04 bezeichneten Loks nur noch selten unter Dampf. 04 0015-0 (ex 19 1015) war mit einem Tender der Bauart 2´3T38 gekuppelt.** *Foto: Slg. Koppisch, Archiv transpress*

Modernisierung der Baureihe 19 zur Diskussion. Doch die HvM lehnte diesen Vorstoß aus Kostengründen ab.

Max Baumberg hatte hingegen mehr Erfolg: Er verwies mit Nachdruck auf den weiteren Bedarf der Baureihe 19 als Bremslok. Da außerdem der Barrenrahmen sowie das Lauf- und Fahrwerk der Maschinen sehr gut erhalten waren, machte die Rekonstruktion aus Sicht des Leiters der VES-M Sinn. 1960 gab die HvM schließlich dem Drängen aus Halle nach. Die VES-M erledigte die notwendigen konstruktiven Arbeiten. Dabei zeigte sich, dass von den alten Maschinen nur noch wenige Baugruppen weiter verwendet werden konnten. Baumbergs ursprünglicher Plan, den »Sachsenstolz« in eine 2´D1´-Maschine umzubauen, wurde aus Kostengründen nicht weiter verfolgt.

Das Raw Meiningen übernahm schließlich die Rekonstruktion der 19 015 (Abnahme am 10.02.1964) und der 19 022 (Abnahme am 31.03.1965). Die Loks wurden mit einem leicht veränderten Verbrennungskammer-Kessel des Typs »39E« ausgerüstet. Außerdem erhielten sie neue, geschweißte Zylinder, eine geänderte Steuerung, neue Einheitsführerhäuser, eine kegelige Rauchkammertür, eine Domverkleidung, kleine Windleitbleche und Einheitstender. Während 19 015 mit einem Tender der Bauart 2´2´T34 gekuppelt wurde, erhielt 19 022 den 2´3T38-Tender der ehemaligen Versuchslok H 45 024.

Nach ihrer Abnahme gehörten 19 015 und 19 022 wieder zum Bw Halle P, dass die beiden Bremsloks regelmäßig vor Eil- und Schnellzügen nach Berlin, Eisenach und Saalfeld einsetzte. Ab 1967 besaßen die beiden Rekoloks eine Ölhauptfeuerung. Mit der Einführung der EDV-gerechten Betriebs-Nummern wurden die Maschinen im Jahr 1970 zu 04 0015-0 und 04 0022-6 umgezeichnet. Sechs Jahre später hatten die beiden Loks ausgedient. Sie wurden 1976 ausgemustert und anschließend verschrottet.

TECHNISCHE DATEN

Bauart		1´D1´h4v
Betriebsgattung		S 46.18
Länge über Puffer (Tender 2´3 T 38)	mm	24.210[1]
Höchstgeschwindigkeit v/r	km/h	120/50
Zylinderdurchmesser (HD/ND)	mm	480/720
Kolbenhub	mm	630
Treib- und Kuppelraddurchmesser	mm	1.905
Laufraddurchmesser v/h	mm	1.000/1.250
Kesselüberdruck	kp/cm^2	16
Rostfläche	m^2	4,23
Verdampfungsheizfläche	m^2	206,3
Dienstmasse (2/3 Vorräte)	t	172,35
Brennstoffvorrat	t	10
Wasserkasteninhalt	m^3	38
indizierte Leistung	PS_i	ca. 2.000
indizierte Zugkraft	Mp	?

Anmerkung:

1 19 022 mit Tender 2´2´ T 34

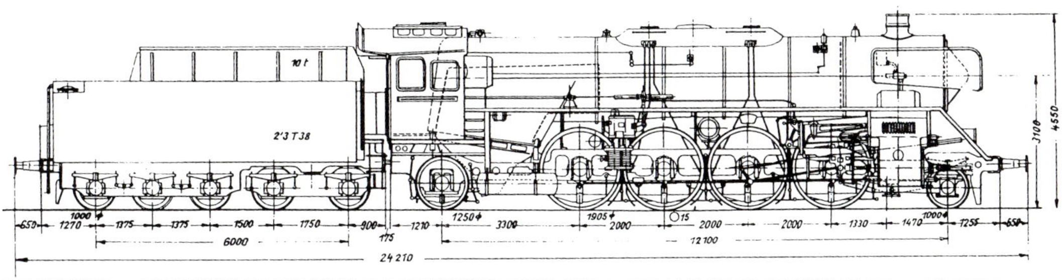

▲ **Baureihe 19 mit 2´3T38-Tender und Kohlefeuerung** *Zeichnung: Archiv transpress*

5.9 Die Baureihe 22

Die DR setzte im schweren Reisezugdienst auf den krümmungs- und steigungsreichen Strecken in Sachsen und Thüringen seit Ende der 1940er-Jahre meist die Loks der Baureihe 39.0 ein. Allerdings wiesen die 1´D1´h3-Maschinen einen grundlegenden Mangel auf: Die Triebwerks- und Kesselleistung waren nur schlecht aufeinander abgestimmt. Zudem verlangte die Feuerführung bei der ehemaligen preußischen P 10 aufgrund des trapezförmigen Rostes viel Geschick von den Heizern. Darüber hinaus galt die Baureihe 39.0 bei den Heizern als »Kohlefresser«, die Unmengen von Briketts verbrauchte. Ab Mitte der 1950er-Jahre zeigte die P 10 immer häufiger Verschleißerscheinungen. Dies betraf vor allem die Kessel, Zylinder und Kropfachsen. Da die DR aber mittelfristig keinen Ersatz für die Baureihe 39.0 hatte, wurde sie in das Reko-Programm aufgenommen. Bei der anstehenden Modernisierung sollten die konstruktiven Mängel der P 10 beseitigt und deren Leistung gesteigert werden.

Die DR gab für die Baureihe 39.0 die Entwicklung eines modernen Verbrennungskammer-Kessels in Auftrag, der für die Verfeuerung von Braunkohle ausgelegt war. Der als Typ »39E« bezeichnete Reko-Kessel war auch für die Baureihen 03.10 (siehe Seite 72 f.) und 41 (siehe Seite 84 f.) vorgesehen. In modifizierter Form wurde er später auch bei 18 201 (siehe Seite 75 f.), 18 314 (siehe Seite 76 f.), 19 015 und 19 022 (siehe Seite 78 f.) verwendet.

Die Rekonstruktion der Baureihe 39.0 übernahm das Raw Meiningen, das am 12. April 1958 die 22 001 auf ihre erste Probefahrt schickte. Das Raw Meiningen hatte aus der

▲ **Die DR setzte die Baureihe 22 auch im Interzonenverkehr ein. Im Sommer 1960 stand die erst wenige Monate alte 22 047 des Bw Reichenbach (Vogtland) mit einem Interzonenzug im Bahnhof Hof.** *Foto: Dr. Scheingraber, Slg. H.-G. Kleine, Archiv transpress*

alten P 10 eine moderne Dampflok gemacht. Neben dem Verbrennungskammer-Kessel hatte die Reko-P 10 eine MV-Anlage der Bauart IfS, neue geschweißte Zylinder, Druckausgleich-Kolbenschieber der Bauart Trofimoff, neue Kropfachswellen, kleine Windleitbleche und Einheitsführerhäuser erhalten. Außerdem ersetzte das Raw Meiningen die alten preußischen Tender durch Einheitstender (meist Bauart 2´2´T32 und 2´2´T34). Ab 22 003 wurden die vorderen Loklaternen fest an der steilen Frontschürze montiert.

Die LVA Halle (Saale) unterzog die 22 001 im Frühjahr 1958 einer gründlichen messtechnischen Untersuchung. Gegenüber der alten P 10 wurde dabei eine Mehrleistung von bis zu 365 PS_e ermittelt. Dabei verbrauchte die 22 001 jedoch bis zu 18 % weniger Dampf. Der Gesamtwirkungsgrad der 22 001 betrug bei reiner Brikettfeuerung maximal 7,65 %.

Noch 1958 lief der Serienumbau der P 10. Bis 1962 verließen insgesamt 85 Maschinen der Baureihe 22 das Raw Meiningen. Die DR konzentrierte die Reko-P 10 in den Direktionen Dresden und Erfurt, wo sie auf den Mittelgebirgsstrecken in Sachsen und Thüringen die Hauptrolle im schweren Reisezugdienst spielten. Doch bereits 1966 setzte der Niedergang der Baureihe 22 durch die Elektrifizierung der Strecken Dresden–Reichenbach (Vogtland) und Werdau–Leipzig ein. Außerdem waren die Unterhaltungskosten für das Triebwerk seit der Rekonstruktion deutlich angestiegen. Aus diesen Gründen stellte die DR bereits 1966 die ersten Reko-P 10 ab. Für die verbliebenen Loks suchte die DR nach neuen Einsatzmöglichkeiten. Doch in den Bahnbetriebswerken Saalfeld, Halberstadt und Oebisfelde gab es langfristig keine sinnvolle Verwendung für die Baureihe 22, die hier meist durch Rekoloks der Baureihen 01.5, 03 und 41 abgelöst wurden.

Mit der 1968 getroffenen Entscheidung, die erst wenige Jahre alten Verbrennungskammer-Kessel der Baureihe 22 für die Modernisierung der Baureihe 03 (siehe Seite 70 f.) zu verwenden, war das Schicksal der Reko-P 10 besiegelt. Als die DR am 1. Juni 1970 ihre EDV-gerechten Betriebs-Nummern einführte, bei der aus der Baureihe 22 die Baureihe 39.10 wurde, setzten nur noch Halberstadt und Saalfeld einige Loks ein. Bereits 1971 wurde in Saalfeld die letzte Reko-P 10 abgestellt. Als Museumsstück blieb leider keine Lok der Baureihe 22 erhalten. Das Bayerische Eisenbahn-Museum Nördlingen will langfristig den Dampfspender 22 064 zu einem Schaustück herrichten.

TECHNISCHE DATEN

Bauart		1´D1´h3
Betriebsgattung		P 46.18
Länge über Puffer (Tender 2´2´ T 34)	mm	23.700
Höchstgeschwindigkeit v/r	km/h	110/50
Zylinderdurchmesser	mm	520
Kolbenhub	mm	660
Treib- und Kuppelraddurchmesser	mm	1.750
Laufraddurchmesser v/h	mm	1.000/1.1000
Kesselüberdruck	kp/cm^2	16
Rostfläche	m^2	4,23
Verdampfungsheizfläche	m^2	206,3
Dienstmasse (2/3 Vorräte)	t	165,5
Brennstoffvorrat	t	10
Wasserkasteninhalt	m^3	34
indizierte Leistung	PS_i	1.690
indizierte Zugkraft (0,8)	Mp	17,5

▼ **Baureihe 22** *Zeichnung: Archiv transpress*

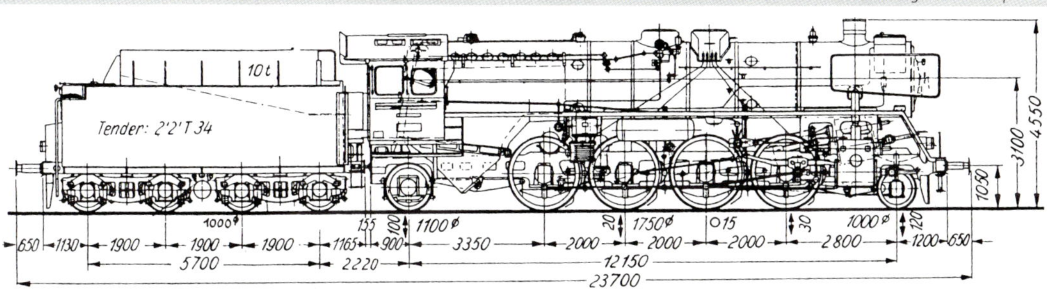

▲ **Dank des Reko-Kessels vom Typ »50E« übertraf die 23 001 in Sachen Leistung die Baureihen 03 und 23.10. Wenn die VES-M Halle (Saale) die Maschine nicht benötigte, setzte das Bw Halle P die 23 001 im schweren Reisezugdienst ein. Typisch für die 23 001 (ab 1970: 35 2001-2) war die Verkleidung des Dampfdoms und der Sandkästen.** *Foto: Slg. Koppisch, Archiv transpress*

5.10 Die Baureihe 23^{Reko}

23 001 gehörte zweifelsohne zu den interessanten und gelungensten Dampfloks der DR. Die 1´C 1´h2-Maschine war Ende der 1930er-Jahre als Ersatz für die Baureihe 38.10–40 entwickelt worden. Aufgrund des Zweiten Weltkrieges lieferte die Firma Schichau 1941 jedoch nur die beiden Baumuster 23 001 und 23 002. Bei der messtechnischen Untersuchung durch das LVA Grunewald überzeugte die Baureihe 23 durch ihre sehr gute Beschleunigung, eine hohe Zugkraft und hervorragende Laufeigenschaften. Nach dem Zweiten Weltkrieg verblieben die beiden Baumuster in der SBZ. Nach Beheimatungen in verschiedenen Berliner Bahnbetriebswerken und in Jüterbog gehörten 23 001 und 23 002 ab 1950 zum Bw Berlin Ostbahnhof.

Wenige Jahre später meldete Max Baumberg Bedarf an den beiden Maschinen an. Sie sollten in der FVA Halle (Saale) als Bremsloks und Erprobungsträger dienen. Mitte 1954 setzte die DR schließlich 23 001 und 23 002 zum Bw Halle P um. Zuvor hatten die Maschinen im Raw Stendal eine Hauptuntersuchung erhalten. Erst 1957 wurde 23 001 mit einer Gegendruckbremse der Bauart Riggenbach ausgerüstet. Standen die beiden 23er nicht in Diensten der FVA Halle (Saale), setzte das Bw Halle P die Maschinen im Plandienst ein. Aufgrund ihrer hohen Beschleunigung konnten 23 001 und 23 002 dabei auch in Umläufen der Baureihe 03 eingebunden werden.

Ende der 1950er-Jahren wiesen die aus St 47 K hergestellten Kessel der Baureihe 23 erhebliche Verschleißerscheinungen auf. Da Max Baumberg auf die beiden Maschinen nicht verzichten wollte, beantragte er deren Modernisierung im Rahmen des Reko-Programms. Die vorgesetzten Dienststellen in Berlin hatten dagegen keine Einwände, so dass das Raw Cottbus schließlich 1960 mit der Rekonstruktion der 23 001 begann. Die Arbeiten beendete jedoch das Raw Leipzig-Engelsdorf, dass die 23 001 (Abnahme 30.05.1961) mit einem Reko-Kessel des Typs »50E« ausrüstete, wie er auch bei den Baureihen 50.35, 52.80 und 58.30 verwendet wurde. Außerdem erhielt die Maschinen eine Führerhaus der Baureihe 23.10, kleine Windleitbleche sowie eine gemeinsame Verkleidung für den Dampfdom und die beiden Sandkästen. Da die 23 001 auch weiterhin als Bremslok eingesetzt werden sollte, behielt die Lok ihren Oberflächenvorwärmer und die Gegendruckbremse.

Nach der Fertigstellung der 23 001 sollte auch die Schwesterlok 23 002 modernisiert werden. Doch das Raw Cottbus lehnte dies ab, da es Schäden am Rahmen und an den Radsternen der Lok festgestellt hatte, die zur Abstellung der Lok führten. Max Baumberg intervenierte zwar mit Unterstützung der HvM gegen das Vorgehen des Raw Cottbus, konnte sich jedoch nicht durchsetzen. Die Rekolok 23 001 blieb damit ein Einzelgänger, der auch weiterhin im Bw Halle P beheimatet war. Dank des Reko-Kessels lag die Leistung der 23 001 deutlich über jener der Baureihe 23.10. Auch den Maschinen der Baureihe 03 war die 23 001 nun ebenbürtig. Sie diente jedoch meist nur als Reservelok im Bw Halle P. Trotz der nur geringen Zahl von Einsatztagen rüstete die DR die Maschinen bei ihrer letzten Hauptuntersuchung 1969/70 mit einem Giesl-Flachejektor aus.

Am 1. Juni 1970 erhielt die 23 001 im Zuge der Einführung der neuen EDV-gerechten Betriebs-Nummer die Nr. 35 2001-2. Zu diesem Zeitpunkt hatten die VES-M Halle (Saale) und das Bw Halle P kaum noch eine sinnvolle Verwendung für den Einzelgänger. Er wurde schließlich am 29. Juni 1974 aufgrund eines Zylinderrisses abgestellt. Bis zu ihrer Ausmusterung am 5. Mai 1975 rostete die Lok gemeinsam mit 19 022 im Bahnhof Wallwitz vor sich hin, bevor sie im September 1975 im Raw Halle (Saale) verschrottet wurde.

TECHNISCHE DATEN

Bauart		1´C1´h2
Betriebsgattung		P 35.18
Länge über Puffer (Tender 2´2´T 26)	mm	22.940
Höchstgeschwindigkeit v/r	km/h	110/50
Zylinderdurchmesser	mm	550
Kolbenhub	mm	660
Treib- und Kuppelraddurchmesser	mm	1.750
Laufraddurchmesser v/h	mm	1.000/1.250
Kesselüberdruck	kp/cm^2	16
Rostfläche	m^2	3,71
Verdampfungsheizfläche	m^2	172,3
Dienstmasse (2/3 Vorräte)	t	137,5
Brennstoffvorrat	t	8
Wasserkasteninhalt	m^3	26
indizierte Leistung	PS_i	ca. 1.650
indizierte Zugkraft	Mp	14,6

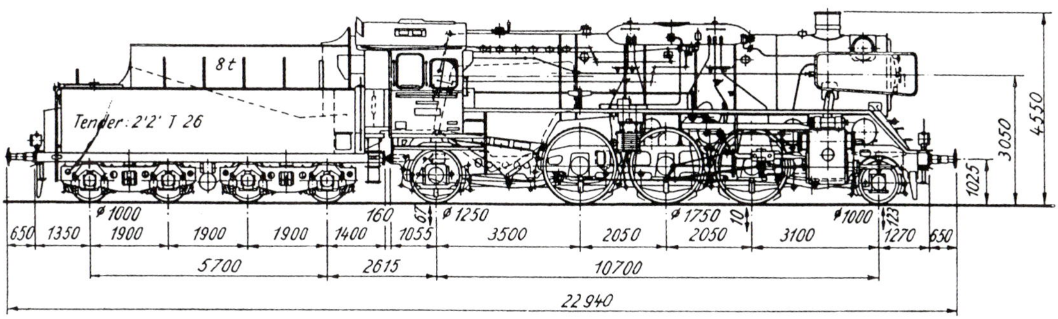

▲ Baureihe 23Reko

Zeichnung: Archiv transpress

▲ **Zwischen 1979 und 1981 setzte lediglich das Bw Oebisfelde die Baureihe 41 im Plandienst ein. 41 1273-6 des Bw Oebisfelde wartete am 10. Mai 1980 vor dem Lokschuppen der Est Magdeburg-Rothensee auf die Rückleistung in Richtung Heimat.** *Foto: P. Gericke, Archiv D. Endisch*

5.11 Die Baureihe 41^Reko

Der DR verblieben nach dem Zweiten Weltkrieg insgesamt 122 Maschinen der Baureihe 41. Infolge von Abgaben an die sowjetische Besatzungsmacht und Ausmusterungen stark beschädigter Maschinen verringerte sich die Zahl der Loks auf 112 Exemplare. Die DR setzte die Maschinen ab Ende der 1940er-Jahre bevorzugt im schweren Eil- und Schnellzugdienst ein, da sie nur über relativ wenige Schnellzugloks der Baureihen 01, 03 und 03.10 verfügte. Die Baureihe 41 war meist in den Direktionen Greifswald und Magdeburg beheimatetet. Kleinere Bestände hielten auch die Direktionen Erfurt und Schwerin vor.
Bereits Mitte der 1950er-Jahre registrierte das für die Unterhaltung der Baureihe 41 zuständige Raw Karl-Marx-Stadt erhebliche Verschleißerscheinungen an den aus St 47 K hergestellten Kesseln. Die HvM und die HvRaw erkannten den Ernst der Lage und beauftragten bereits im Frühjahr 1956 die FVA Halle (Saale) mit Vorarbeiten für einen neuen Kessel. Der gewünschte Verbrennungskammer-Kessel sollte für Braunkohlenfeuerung ausgelegt und deutlich leistungsfähiger als der bisherige Dampferzeuger sein. Der Ersatzkessel sollte außerdem auch für die Modernisierung der Baureihen 03.10 und 39.0 genutzt werden. Bereits am 28. Mai 1956 legte die FVA Halle (Saale) ihre Ausarbeitungen vor. Die HvM beauftragte dann am 13. Juni 1956 den LKM Babelsberg mit der Entwicklung des als »39E« bezeichneten Reko-Kessels.
In der Zwischenzeit hatte sich der Zustand der St 47 K-Kessel erheblich verschlechtert, was im Sommer 1956 zu erheblichen Engpässen in der Zugförderung führte. Aufgrund der angespannten Lage rüstete die DR deshalb bis 1958 insgesamt 21 Maschinen mit geschweißten Ersatzkesseln aus (siehe Seite 50 ff.), die auf der alten Konstruktion basierten.
Die Entwicklung und der Bau der dringend benötigten Reko-Kessel verzögerte sich hingegen weiter, da dem LKM Babelsberg Ingenieure und Produktionskapazitäten fehlten. Die DR griff daher zur Selbsthilfe

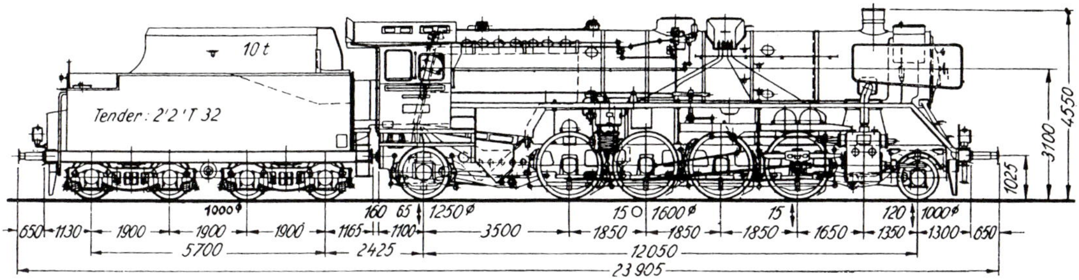

▲ **Baureihe 41**Reko *Zeichnung: Archiv transpress*

und baute im Raw Halberstadt eine eigene Kesselfertigung auf. Zwischen 1957 und 1966 lieferte das Raw Halberstadt für das GR- und Reko-Programm der DR 383 Dampferzeuger und 294 Stehkessel. Nach der Abnahme des »39E«-Kessels am 14. Mai 1958 lief dessen Produktion in Halberstadt an.

Die Rekonstruktion der Baureihe 41 verzögerte sich hingegen noch einige Monate. Da die Kapazitäten des Raw Karl-Marx-Stadt vollständig ausgelastet waren, wurde auch das Raw Zwickau in die Modernisierung der 41er einbezogen. Das Raw Zwickau fertigte dabei die benötigten Reko-Kessel selbst an. Als erste Rekolok stellte das Raw Karl-Marx-Stadt schließlich am 17. März 1959 die 41 357 fertig. Mit der Indienststellung der 41 171 am 19. Dezember 1960 wurde die Rekonstruktion nach 80 Maschinen abgeschlossen. Davon entfielen 60 auf das Raw Karl-Marx-Stadt. 1976 rüstete das Raw Meiningen nachträglich noch 41 155 mit einem Reko-Kessel aus.

Dank des Verbrennungskammer-Kessels erreichte die Baureihe 41 wieder ihre altes Leistungsvermögen. Der Kessel konnte bis zu 15 t Dampf je Stunde erzeugen. Dies ermöglichte eine effektive Leistung von rund 1.500 PS_e. Die Lokpersonale schätzten den verdampfungsfreudigen Reko-Kessel. Die DR konzentrierte die Baureihe 41 in den 1960er-Jahren meist in den Direktionen Erfurt, Greifswald, Magdeburg und Schwerin. Erst Mitte der 1970er-Jahre gingen die Einsätze der Universalloks zurück, die die DR bis Ende 1981 ausmustern wollte. Doch die Energiekrise Anfang der 1980er-Jahre verhalf der Baureihe 41 zu einem Comeback. Bereits abgestellte Maschinen setzte das Raw Meiningen wieder instand, so dass 1984 noch 23 Maschinen zum Betriebspark gehörten. Zuletzt waren die Reko-41er in den Einsatzstellen (Est) Göschwitz (Bw Saalfeld) und Staßfurt (Bw Güsten) beheimatet. Die Est Staßfurt beendete am 10. November 1987 mit 41 150 den Plandienst. Bis heute sind elf Reko-41er erhalten, von denen derzeit 41 144 (Eisenach) und 41 150 (Nördlingen) betriebsfähig sind.

TECHNISCHE DATEN

Bauart		1´D1´h2
Betriebsgattung		G 46.18
Länge über Puffer (Tender 2´2´ T 32)	mm	23.905
Höchstgeschwindigkeit v/r	km/h	90/50
Zylinderdurchmesser	mm	520
Kolbenhub	mm	720
Treib- und Kuppelraddurchmesser	mm	1.600
Laufraddurchmesser v/h	mm	1.000/1.250
Kesselüberdruck	kp/cm^2	16
Rostfläche	m^2	4,23
Verdampfungsheizfläche	m^2	206,3
Dienstmasse (2/3 Vorräte)	t	164,7
Brennstoffvorrat	t	10
Wasserkasteninhalt	m^3	32
indizierte Leistung	PS_i	1.870
indizierte Zugkraft (0,8)	Mp	15,6

▲ **Typisch für die Baureihe 50.35 war der auf der Heizerseite in Höhe der Treibachse montierte Schlammabscheider der MV-Anlage. 50 3659-5 des Bw Stendal wartete am 3. April 1981 in der Est Magdeburg-Rothensee auf die Rückleistung.** *Foto: P. Gericke, Archiv D. Endisch*

5.12 Die Baureihe 50.35

Die Baureihe 50.35 schrieb gleich zweimal Eisenbahngeschichte: Zum einen begann mit ihr im Herbst 1957 das Reko-Programm der DR, zum anderen beendete sie das Dampflokzeitalter auf den Regelspurgleisen der DR.

Anfang der 1950er-Jahre hatte die DR ihre 317 Maschinen der Baureihe 50 auf die Direktionen Dresden, Magdeburg und Schwerin verteilt. Hier spielten sie in vielen Bahnbetriebswerken die unbestrittene Hauptrolle in der Zugförderung. Ihr Einsatzgebiet reichte vom Rangierdienst über den Güterverkehr bis hin zur Beförderung von Eil- und Schnellzügen. Die Baureihe 50 stand bei den Personalen ob ihrer Leistung und ihrer robusten Bauart hoch im Kurs. Lediglich die Kessel bereiteten dem für die Erhaltung der Baureihe 50 zuständigen Raw Stendal ab Mitte der 1950er-Jahre erhebliche Probleme. Die Dampferzeuger bestanden aus dem festen, aber nicht alterungsbeständigen und spröden Stahl St 47 K. Ab 1955 nahmen die Schäden an den St 47 K-Kesseln dramatisch zu. Das Raw Stendal schlug daher den Bau neuer Kessel vor. Bei dieser Gelegenheit wollte das Raw Stendal auch die bauarttypischen Mängel der Baureihe 50 beseitigen.

Ein Nachbau des alten Kessels schied jedoch aus. Die Baureihe 50 sollte mit einem für Braunkohlefeuerung ausgelegten Verbrennungskammer-Kessel ausgerüstet werden. Als Vorbild diente dabei der Kessel der Baureihen 23.10 und 50.40 (siehe Seiten 32 f. und 36 f.). Die DR beauftragte im Frühjahr 1956 den LKM Babelsberg mit der Konstruktion des als Typ »50E« bezeichneten Reko-Kessels. Obwohl die DR bereits am 5. November 1956 die ersten 23 Reko-Kessel beim LKM Babelsberg in Auftrag gegeben hatte, verzögerte sich die Fertigstellung der Zeichnungen bis 1957. Erst nach der Abnahme der Konstruktion am 3. April 1957 lief die Produktion in Babelsberg an. Zeitgleich stellte das Raw Stendal die notwendigen Zeichnungen für die Modernisierung der Baureihe 50 fertig, so dass am 12. November 1957 bereits die erste Reko-50er abgenommen werden konnte. Allerdings behielt die 50 380 noch ihre alte Betriebs-

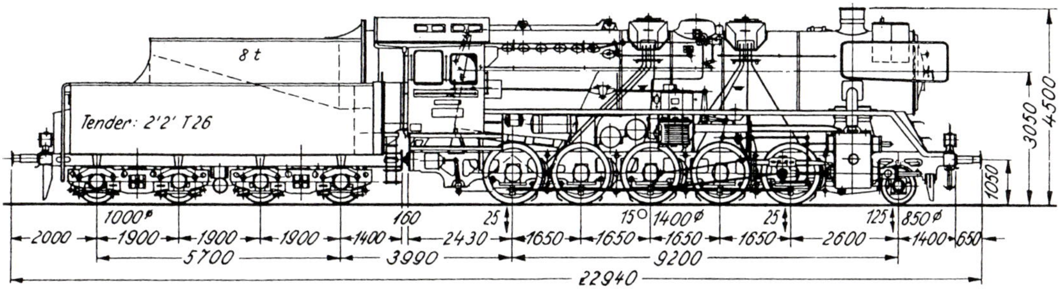

▲ **Baureihe 50.35** *Zeichnung: Archiv transpress*

Nummer. Erst mit Wirkung zum 1. Januar 1958 verfügte die DR die Umzeichnung der Rekoloks zur Baureihe 50.35. Ab 1958 bezog das Raw Stendal die benötigten Reko-Kessel des Typs »50E« vom VEB Schwermaschinenbau-Kombinat »Karl Liebknecht« Magdeburg und dem Raw Halberstadt. Bis 1962 verließen insgesamt 208 Maschinen der Baureihe 50.35 das Raw Stendal.

Die Reko-50er erfreuten sich bei den Personalen großer Beliebtheit. Dank des sehr leistungsfähigen Kessels, der bis zu 13 t Dampf je Stunde liefern konnte, war es möglich, die Zuglasten im Vergleich zu den Altbau-Maschinen um rund 10 % zu erhöhen. Die DR konzentrierte die Baureihe 50.35 zunächst in den Direktionen Magdeburg und Schwerin. In den Jahren 1966/67 und 1971/72 wurden 72 Maschinen mit einer Ölhauptfeuerung (siehe Seite 98 f.) ausgerüstet. Im Gegenzug wurden die verbliebenen 136 Kohleloks in der Rbd Magdeburg zusammengezogen.

Eigentlich wollte die DR bis 1982 alle Reko-50er ausmustern. Doch aufgrund der Energiekrise erlebte die Baureihe 50.35 ab 1981 in den Direktionen Dresden, Magdeburg und Schwerin eine ungeahnte Renaissance. Zwischen Ostseeküste und Erzgebirge stellten die Maschinen noch einmal ihre Leistungsfähigkeit unter Beweis. Erst ab 1986 zeichnete sich das Ende der Baureihe 50.35 ab. Im Sommer 1987 setzten nur noch die Bahnbetriebswerke Aue, Halberstadt, Glauchau und Salzwedel ein knappes Dutzend Reko-50er ein. Ein Jahr später benötigte nur noch die Est Oschersleben (Bw Halberstadt) drei Maschinen. 50 3559 des Bw Halberstadt beendete schließlich am Abend des 29. Oktober 1988 die Dampflokzeit auf Deutschlands Regelspurgleisen. In der Folgezeit dienten etliche Maschinen als Wärmespender, so dass bis heute rund 70 Exemplare erhalten blieben. In Deutschland sind derzeit nur 50 3501 (Meiningen), 50 3552 (Hanau), 50 3576 (Wiesbaden), 50 3610 (Dieringhausen), 50 3636 (Kornwestheim), 50 3648 (Chemnitz), 50 3682 (Salzwedel) und 50 3708 (Blankenburg) betriebsfähig.

TECHNISCHE DATEN

Bauart		1´E h2
Betriebsgattung		G 56.15
Länge über Puffer (Tender 2´2´ T 26)	mm	22.940
Höchstgeschwindigkeit v/r	km/h	80/50
Zylinderdurchmesser	mm	600
Kolbenhub	mm	660
Treib- und Kuppelraddurchmesser	mm	1.400
Laufraddurchmesser v	mm	850
Kesselüberdruck	kp/cm^2	16
Rostfläche	m^2	3,71
Verdampfungsheizfläche	m^2	172,3
Dienstmasse (2/3 Vorräte)	t	136,3
Brennstoffvorrat	t	8
Wasserkasteninhalt	m^3	26
indizierte Leistung	PS_i	1.760
indizierte Zugkraft (0,8)	Mp	21,72

▲ **Bei den GR- und den Reko-52ern musste einer der beiden Hauptluftbehälter auf das rechte Umlaufblech verlegt werden, da auf dem Rahmen der Schlammabscheider der MV-Anlage montiert wurde. 52 8063-1 des Bw Falkenberg pausierte am 2. Juni 1984 in der Est Eilenburg.**

Foto: P. Gericke, Archiv D. Endisch

5.13 Die Baureihe 52.80

Die Baureihe 52 gehörte zu den wichtigsten Dampflokomotiven der DR. Nach der Gattungsbereinigung waren die Kriegsloks meist in den Direktionen Berlin, Cottbus und Halle stationiert, wo sie den überwiegenden Teil des Güterverkehrs bewältigten. Die ursprünglich für eine Einsatzdauer von etwa fünf Jahren entwickelten Kriegsloks wiesen ab Mitte der 1950er-Jahre erhebliche Verschleißerscheinungen auf. Das für die Erhaltung der Baureihe 52 zuständige Raw Stendal klagte besonders über die vielen Schäden an den Krauss-Helmholtz-Lenkgestellen und den Stehkesseln. Da die DR jedoch langfristig nicht auf die Kriegsloks verzichten konnte, plädierte die HvM für eine gründliche Modernisierung der Maschinen. In diesem Zusammenhang sollten die Loks auch mit Achslagerstellkeilen nachgerüstet werden. Nach einer genauen Bedarfsanalyse schlug die HvM die Aufnahme der Baureihe 52 in das GR- und Reko-Programm vor. Der am 17. September 1956 vorgelegte »Rekonstruktions- und Generalreparaturplan zur Gesundung des Dampflokparkes« sah 150 Maschinen für eine Rekonstruktion vor. Allerdings scheiterte das Vorhaben an den fehlenden Werkstattkapazitäten des Raw Stendal. Daher wurde bereits am 4. Oktober 1956 die Rekonstruktion der Baureihe 52 (vorerst) wieder zu den Akten gelegt. Stattdessen wurde für 300 Kriegsloks eine GR (siehe Seite 66 f.) bewilligt.

Allerdings erwies sich die GR aufgrund der notwendigen Arbeiten am Kessel als sehr teuer. Die Berechnungen des Raw Stendal ergaben, dass der Arbeitsaufwand und die Kosten für eine GR-52er höher als die notwendigen Investitionen für eine Reko-52er wären. Letztere erhielte außerdem einen modernen und leistungsfähigeren Kessel des Typs »50E«, der betriebliche Vorteile besäße. Angesichts dieser Tatsachen brachte der Leiter des Raw Stendal, Hans Wende, am 6. April 1960 noch einmal die Rekonstruktion der Baureihe 52 ins Spiel. Wende schlug dabei auch den Einbau neuer Führerhäuser und die Verwendung des Neubau-Tenders der Bauart 2´2´T28 vor, da viele Wannentender verschlissen waren. Die Argumente des Werkleiters fanden Gehör: Bereits am 18. Juli 1960 stimmte die HvM der Rekonstruktion der Baureihe 52 zu. Allerdings scheiterte der Einbau neuer Führerhäuser und Tender an den fehlenden Produktionskapazitäten der

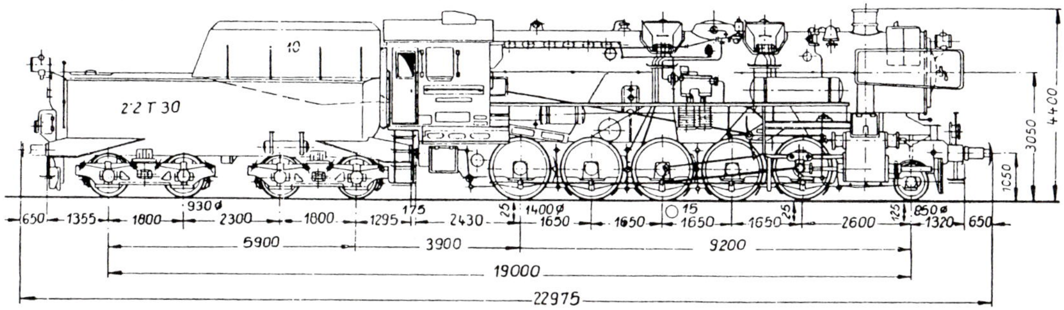

▲ **Baureihe 52.80** *Zeichnung: Archiv transpress*

Schienenfahrzeug-Industrie der DDR. Stattdessen beschaffte das Raw Stendal ab 1961 vom SKL Magdeburg verstärkte Tenderwannen und neue Drehgestelle, mit denen die verschlissenen 2´2´T30-Tender neu aufgebaut wurden.

Bereits im Sommer 1960 hatte das Raw Stendal die konstruktiven Arbeiten für die Reko-52er abgeschlossen, so dass am 23. September 1960 die 52 8001 als erste ihrer Baureihe abgenommen werden konnte. In den folgenden sieben Jahren verließen insgesamt 200 Maschinen der Baureihe 52.80 das Raw Stendal. Mit der Indienststellung der 52 8200 endete am 22. Dezember 1967 offiziell das Reko-Programm der DR.

Die DR konzentrierte die Baureihe 52.80 in den Direktionen Cottbus und Berlin. Hier entwickelten sich im Laufe der Jahre vor allem die Bahnbetriebswerke Berlin-Schöneweide, Bautzen, Cottbus, Frankfurt (Oder), Lübbenau und Zittau zu Hochburgen der Reko-52er. Kleinere Bestände der Baureihe 52.80 gab es außerdem in den Direktionen Halle (Altenburg, Falkenberg, Leipzig-Engelsdorf, Röblingen), Greifswald (Angermünde, Eberswalde, Templin) und Magdeburg (Brandenburg, Haldensleben). Als die DR Anfang der 1980er-Jahre aufgrund der Energiekrise ihre kohlegefeuerten Dampfloks wieder reaktivieren musste, gehörten noch 196 Reko-52er zum Betriebspark. Vor allem die Direktionen Berlin, Cottbus und Halle setzten nun wieder die Baureihe 52.80 ein. Erst im Mai 1988 hatten die letzten Reko-52er in der Oberlausitz und in Leipzig ausgedient. Danach hielten zahlreiche Bahnbetriebswerke einige Loks als Wärmespender vor. Diesem Umstand ist es zu verdanken, dass rund 100 Maschinen der Baureihe 52.80 bis heute erhalten geblieben sind. Zu den betriebsfähigen Loks gehören in Deutschland u.a. 52 8029 (Nossen), 52 8075 (Eisenach), 52 8079 (Nossen), 52 8080 (Löbau), 52 8154 (Leipzig), 52 8177 (Berlin) und 52 8184 (Staßfurt).

TECHNISCHE DATEN

Bauart		1´E h2
Betriebsgattung		G 56.15
Länge über Puffer (Tender 2´2´ T 30)	mm	22.975
Höchstgeschwindigkeit v/r	km/h	80/50
Zylinderdurchmesser	mm	600
Kolbenhub	mm	660
Treib- und Kuppelraddurchmesser	mm	1.400
Laufraddurchmesser v	mm	850
Kesselüberdruck	kp/cm²	16
Rostfläche	m²	3,71
Verdampfungsheizfläche	m²	172,3
Dienstmasse (2/3 Vorräte)	t	134,9
Brennstoffvorrat	t	10
Wasserkasteninhalt	m³	30
indizierte Leistung	PS_i	ca 1.760
indizierte Zugkraft (0,8)	Mp	21,72

5.14 Die Baureihe 58.30

Nach dem Zweiten Weltkrieg verblieben der DR 428 Maschinen der Baureihe 58. Nach der Gattungsbereinigung im Frühjahr 1947 trug die ehemalige preußische G 12 vor allem in den Direktionen Dresden, Erfurt und Halle die Hauptlast im schweren Güterzugdienst. Doch Mitte der 1950er-Jahre wiesen zahlreiche Maschinen erhebliche Verschleißerscheinungen auf. Darüber hinaus hatte die G 12 zwei grundlegende Mängel: Zum einen waren die Leistung des Triebwerks und des Kessels schlecht aufeinander abgestimmt, zum anderen verursachte die vielteilige Steuerung des Mittelzylinders erhebliche Unterhaltungskosten. Angesichts dieser Tatsachen wollte die HvM die Baureihe 58 durch eine Neubau-Güterzuglok der Bauart 1´Eh2 mit 18 t Achsfahrmasse ersetzen. Doch die als Baureihe 42neu geplante Type wurde zu Gunsten der Baureihe 50.40 (siehe Seite 36 f.) fallen gelassen. Die DR wollte die G 12 nun teilweise durch den Import von 80 Maschinen der Reihe 556.0 der Tschechoslowakischen Staatsbahnen (CSD) ersetzen. Bei Versuchsfahrten mit der 556.0265 im Sommer 1956 bewies diese Gattung ihre Eignung. Obwohl die DR mit den Skoda-Werken bereits einen entsprechenden Vertrag ausgehandelt hatte, wurden die Loks nie geliefert.

Der DR blieb nun nichts anderes übrig, als die Baureihe 58 im Rahmen des Reko-Programms zu modernisieren. Die ersten Vorschläge in dieser Richtung wurden bereits 1955 besprochen. Kernstück der Rekonstruktion war der Einbau eines Verbrennungskammer-Kessels vom Typ »50E«. Für erhebliche Diskussionen sorgte der Vorschlag, die G 12 in eine Zweizylinderlok umzubauen. Dies wurde jedoch im Hinblick auf den damit verbundenen Leistungsverlust abgelehnt. 1957 begannen die konstruktiven Arbeiten an der Reko-G 12. Da der Reko-Kessel deutlich länger war, musste der Rahmen vorgeschuht werden. Neu waren auch die MV-Anlage der Bauart IfS, das Einheitsführerhaus, die kleinen Windleitbleche und die Steuerung für den mittleren Zylinder. Außerdem wollte die DR alle Maschinen der Baureihe 58.30 mit einem Neubau-Tender der Bauart 2´2´T28 kuppeln. Allerdings konnte der LKM Babelsberg nur 30 Neubau-Tender liefern, so dass für die anderen

▲ Die Reko-G 12 wurde fast ausschließlich im schweren Güterzugdienst eingesetzt. 58 3028-6 des Bw Glauchau donnerte am 25. August 1977 durch den Bahnhof Gera. Als eine der beiden letzten Maschinen ihrer Gattung wurde 58 3028-6 am 12. Februar 1981 abgestellt. *Foto: H.-G. Kleine, Archiv transpress*

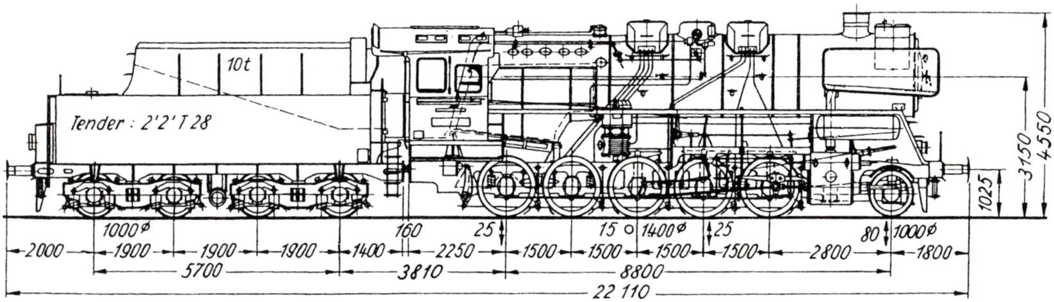

▲ **Baureihe 58.30** *Zeichnung: Archiv transpress*

Maschinen im wahrsten Sinne des Wortes Tender gesucht werden mussten. Die Baureihe 58.30 war daher auch mit modernisierten Tendern der preußischen Bauart 2´2´T31,5, Einheitstendern der Bauarten 2´2´T26, 2´2´2T32 und 2´2´2T34 sowie dem Wannentender 2´2´T30 gekuppelt.

Das Raw Zwickau stellte am 31. März 1958 die erste Reko-G 12 fertig. Bei der 58 3001 erinnerte nichts mehr an die alte G 12. Die steile Frontschürze und die ab 1972 oben abgeschrägten Windleitbleche gaben der Baureihe 58.30 eine unverwechselbare Silhouette. Bei den Versuchsfahrten der FVA Halle zeigte sich, dass die Reko-G 12 der Baureihe 58 in allen Bereichen deutlich überlegen war. Dank des verdampfungsfreudigen Verbrennungskammer-Kessels konnte die 58 3001 eine indizierte Leistung von bis zu 1.800 PSi entwickeln. Damit deckte die Reko-G 12 sogar einen Teil des Leistungsbereichs der Baureihe 44 ab. Allerdings konnte die DR aus Kostengründen bis zum Sommer 1962 nur 56 Maschinen der Baureihe 58 im Raw Zwickau rekonstruieren lassen.

Die DR konzentrierte die Reko-G 12 zunächst in den Bahnbetriebswerken Dresden-Friedrichstadt, Leipzig-Engelsdorf und Gera, wo sie fast ausschließlich im schweren Güterzugdienst eingesetzt wurden. Nach der Aufnahme des elektrischen Betriebes auf der Strecke Leipzig–Riesa–Dresden wurde die Baureihe 58.30 ab 1970/71 auch in den Bahnbetriebswerken Glauchau, Riesa und Saalfeld heimisch. Bereits Mitte der 1970er-Jahre verlor die Reko-G 12 erheblich an Bedeutung. Ab Herbst 1975 setzten nur noch Glauchau und Riesa die Baureihe 58.30 planmäßig ein. Das Bw Glauchau war ab 1977 Auslauf-Bw für die Reko-G 12. Im Februar 1981 wurden die letzten beiden Maschinen abgestellt. Als Museumsstücke sind 58 3047 (Glauchau) und 58 3049 (Schwarzenberg) erhalten.

TECHNISCHE DATEN

Bauart		1´E h3
Betriebsgattung		G 56.16
Länge über Puffer (Tender 2´2´ T 28)	mm	22.110
Höchstgeschwindigkeit v/r	km/h	70/50
Zylinderdurchmesser	mm	570
Kolbenhub	mm	660
Treib- und Kuppelraddurchmesser	mm	1.400
Laufraddurchmesser v	mm	1.000
Kesselüberdruck	kp/cm²	16
Rostfläche	m²	3,71
Verdampfungsheizfläche	m²	172,3
Dienstmasse (2/3 Vorräte)	t	148,0
Brennstoffvorrat	t	10
Wasserkasteninhalt	m³	28
indizierte Leistung	PS_i	1.620
indizierte Zugkraft (0,8)	Mp	26,0

6. ÖL STATT KOHLE: DIE ÖL-HAUPTFEUERUNG BEI DER DDR

Obwohl sich in der zweiten Hälfte der 1950er-Jahre die Brennstoffsituation bei der Deutschen Reichsbahn (DR) in der DDR durch Steinkohlelieferungen aus Polen und der Sowjetunion entspannte, mussten die Heizer noch immer Schwerstarbeit leisten. Angesichts dieser Tatsache suchte die DR nach Möglichkeiten, die Feuermänner zu entlasten. Der Leiter der Fahrzeug-Versuchsanstalt (FVA) Halle (Saale), Max Baumberg, beschäftigte sich mit diesem Thema bereits in einem Referat am 12. März 1959. Dabei betrachtete Baumberg verschiedene Alternativen zur herkömmlichen Rostfeuerung. Dies waren die Kohlenstaub-, die Stoker- und die Ölhauptfeuerung. Mit der Kohlenstaubfeuerung (siehe S. 12 ff.) hatte die DR bereits Erfahrungen gesammelt und aus Kostengründen letzt-

▲ **28 Maschinen der Baureihe 01.5 besaßen eine Ölhauptfeuerung. Die 1962 rekonstruierte 01 505 wurde erst 1966 mit einer Ölhauptfeuerung ausgerüstet. Die ab 1. Juni 1970 als 01 0505-6 bezeichnete Maschine stand am 19. Juni 1979 im Bw Saalfeld.** *Foto: Archiv D. Endisch*

▲ **Das Raw Meiningen rüstete von 1965 bis 1972 insgesamt 16 Maschinen der Baureihe 03.10 mit einer Ölhauptfeuerung aus. 03 0046-7 (ex 03 1046) besaß seit dem 30. Juni 1965 eine Ölhauptfeuerung. Am 20. Mai 1979 wartete die Maschine in der Est Berlin-Lichenberg auf die Rückfahrt nach Stralsund.**
Foto: P. Gericke, Archiv D. Endisch

lich keine weiteren Maschinen umgerüstet. Auch die Stokerfeuerung kam für die DR nicht in Betracht. Zum einen waren die Versuche mit der Stokerfeuerung der 25 001 (siehe S. 34 f.) gescheitert, zum anderen standen für die Beschaffung der für die Stokerfeuerung notwendigen Einrichtungen nicht die notwendigen finanziellen Mittel und Kapazitäten in der DDR-Industrie zur Verfügung. Damit blieben für Max Baumberg nur noch die Ölzusatz- oder die Ölhauptfeuerung übrig. Die Ölzusatzfeuerung lehnte der Chef der FVA jedoch ab, da sie nur zur Abdeckung von Leistungsspitzen geeignet war. Baumberg plädierte daher für die Ölhauptfeuerung.

Das dafür benötigte schwere Heizöl stand der DR in absehbarer Zeit in ausreichender Menge zur Verfügung. Dies war eine Folge des V. Parteitags (10.–16.07.1958) der Sozialistischen Einheitspartei Deutschlands (SED). Die SED hatte auf diesem Parteitag das so genannte »Chemieprogramm« der DDR beschlossen. Zu dessen Kernpunkten gehörte der Auf- und Ausbau der Erdöl verarbeitenden Industrie. Dazu zählten der Bau des VEB Petrol-Chemischen Kombinats (PCK) Schwedt und der Bau der rund 1.000 km langen Erdölleitung »Freundschaft« zwischen Schwedt und Kuibyschew. Die DDR importierte über diese Pipeline billig Roherdöl aus der Sowjetunion, das dann durch Destillation in seine Bestandteile aufgespalten wurde. Dabei fiel ein bitumenähnlicher, schwerer Rückstand an, der als »Bunkeröl D« bezeichnet wurde und in den 1960er-Jahren nicht weiter verarbeitet werden konnte. Das Bunkeröl D besaß jedoch einen um rund 30 % höheren Heizwert (9.600 kcal/kg) als gute Steinkohle. Bereits ab 1964 fielen jährlich rund eine Million Tonnen des Bunkeröls D an. Die Verteilung des Brennstoffs oblag der Staatlichen Plankommission (SPK), die der DR 1959 Heizöl für rund 300 Dampfloks in Aussicht stellte.

Damit waren bei der DR die Weichen für die Einführung der Ölhauptfeuerung gestellt. Bereits am 10. Februar 1959 gründete die Hauptverwaltung der Maschinenwirtschaft (HvM) die von Hans Joachim-Krauss geleitete »Studienkommission Mechanisierung der Lokfeuerung«. Die Arbeitsgruppe sprach sich ebenfalls für die Nutzung der Ölhauptfeuerung aus. Daraufhin rief die HvM am 14. März 1959 eine Arbeitsgruppe ins Leben, die eine einfache, robuste und wirtschaftliche Ölhauptfeuerung für die DR entwickeln sollte. Das ebenfalls vom Hans Joachim-Krauss geführte Kollektiv wertete zunächst die Fachliteratur aus und schlug dann die Verwendung einen Flachbrenners vor, der unterhalb der Stehkesselvorderwand in die teilweise ausgemauerte Feuerbüchse eingebaut werden sollte. Die HvM stimmte den Vorschlägen der Arbeitsgruppe zu und genehmigte den probeweisen Umbau der 44 195 des Bahnbetriebswerks (Bw) Halle G. Allerdings änderte Hans Schulze, der Referent für die Bauart der Dampf- und Dieselloks im Technischen Zentralamt (TZA), die Entwürfe der Ölhauptfeuerung in einem entscheidenden Punkt. Die beiden Brenner sollten unterhalb bzw. neben der Feuertür eingebaut werden. Die Ölbrenner waren eine Neuentwicklung. Die Schweißkonstruktion basierte auf dem in Amerika weit verbreiteten Schlitzbrenner.

Nach mehr als 2.500 Arbeitsstunden wurde die 44 195 am 23. September 1959 erstmals angeheizt. Bei einer Probefahrt am 29. September 1959 sollte die Lok ihre Betriebstauglichkeit beweisen. Prinzipiell funktionierte die Ölhauptfeuerung, aber es waren noch einige Änderungen notwendig. Aufgrund der hohen Dampftemperaturen mussten die Überhitzerelemente um rund 1.000 mm gekürzt werden.

Im Frühjahr 1960 unterzog die Versuchs- und Entwicklungsstelle der Maschinenwirtschaft (VES-M) Halle (Saale) die 44 195 gründlichen Messfahrten, die die Lok mit Bravour bestand. Dank der Ölhauptfeuerung war die 44 195 in Sachen Leistung und Brennstoffverbrauch ihren rost- und kohlenstaubgefeuerten Schwestern deutlich überlegen. Einziger Kritikpunkt war der hohe Lärmpegel auf dem Führerstand. Dieses Problem konnte die DR aufgrund der Anordnung der Brenner unterhalb der Feuertür nicht lösen. Der Medizinische Dienst der DR ordnete daher das Tragen eines Gehörschutzes an. Dies tat dem Erfolg der Ölhauptfeuerung jedoch keinen Abbruch.

Auf der Grundlage der Versuchsfahrten der VES-M Halle (Saale) stellte die Abteilung Technik der HvM in Zusam-

▲ Zwischen 1977 und 1981 wurden alle 17 Neubauloks der Baureihe 99.23-24 mit einer Ölhauptfeuerung ausgerüstet. Die ölgefeuerte 99 0235-4 (ex 99 235) und die noch kohlegefeuerte 99 7239-9 (ex 99 239) wurden am 9. September 1978 im Bw Wernigerode für ihre nächsten Einsätze vorbereitet.

Foto: H.-G. Kleine, Archiv transpress

menarbeit mit den Reichsbahnausbesserungswerken (Raw) Meiningen und Stendal 1960/61 die endgültigen Zeichnungen für die Ölhauptfeuerung der DR auf. Als erste Serienmaschine wurde 44 1595 (04.09.–18.10.1961) umgebaut.

Zu diesem Zeitpunkt bestand bei der DR noch kein exaktes Umbauprogramm. Bis 1964 ließ die DR aufgrund der unklaren Aussagen der SPK hinsichtlich der Mengen des zur Verfügung stehenden Bunkeröls D nur Maschinen der Baureihe 44 mit einer Ölhauptfeuerung ausrüsten. Erst ab dem Herbst 1963 diskutierten Vertreter der HvM, der HvRaw und der Reichsbahndirektionen über den Umbau verschiedener Baureihen und die damit verbundenen Stückzahlen. Das detaillierte Umbauprogramm lag dann am 11. Februar 1965 vor. Danach sollten bis 1970 insgesamt 300 Loks der Baureihen 01.5, 03.10, 44, 50.35 und 95 eine Ölhauptfeuerung erhalten. Doch dieses ehrgeizige Vorhaben scheiterte an den Realitäten der Planwirtschaft und den politischen Vorgaben durch Verkehrsminister Erwin Kramer. Dieser legte am 15. Mai 1965 sein Programm für den Traktionswechsel vor. Danach sollten 1975 die letzten Dampfloks abgestellt werden. Daraufhin beschränkte die SPK das jährliche Kontingent der DR für schweres Heizöl auf 290.000 t. Dies reichte jedoch lediglich für rund 200 Maschinen. Angesichts dieser Entwicklung kürzte die DR ihr Umbauprogramm. Der am 9. August 1966 vorgelegte Plan sah jetzt nur noch die Umrüstung von 28 Loks der Baureihe 01.5 (siehe S. 68 f.), 13 Loks der Baureihe 03.10 (siehe S. 72 f.) 2 Loks der Baureihe 19 (siehe S. 78 f.), 94 Loks der Baureihe 44 (siehe S. 96 f.), 42 Loks der Baureihe 50.35 (siehe S. 98 f.), 18 Loks der Baureihe 95 (siehe S. 100 f.) sowie der Schnellfahrloks 18 201 (siehe S. 74 f.) und 18 314 (siehe S. 76 f.) vor.

Doch damit war das Umbauprogramm noch nicht beendet. Bereits Ende der 1960er-Jahre zeigte sich, dass der Traktionswechsel nicht wie geplant 1975 abgeschlossen werden konnte. Einerseits fehlten der DR Dieselloks, andererseits stieg das Verkehrsaufkommen weiter an. Angesichts dieser Entwicklung genehmigte die SPK der DR weitere Heizöllieferungen, so dass zwischen 1970 und 1973 weitere 3 Loks der Baureihe 03.10, 30 Loks der Baureihe 50.35 und 6 Loks der Baureihe 95 auf Ölhauptfeuerung umgebaut werden konnten. Den Schlusspunkt setzte dann die Baureihe 99.23–24 (siehe S. 42 f.), die ab Ende der 1970er-Jahre mit Bunkeröl D gefeuert wurde.

▲ Die ölgefeuerten Dampfloks der Baureihe 44 bildeten das Rückgrat im schweren Güterzugdienst der DR. 44 0278-0 (ex 44 1278) des Bw Sangerhausen hatte am 16. Mai 1980 einen Güterzug nach Staßfurt gebracht. *Foto: P. Gericke, Archiv D. Endisch*

6.1 Die Baureihe $44^{\text{Öl}}$

Die schweren Dreizylinder-Maschinen der Baureihe $44^{\text{Öl}}$ beherrschten den schweren Güterzugdienst in den Direktionen Erfurt, Dresden und Halle (Saale). Der Dienst auf den als »Jumbos« bezeichneten Maschinen forderte die Heizer oft bis an ihre physische Leistungsgrenze. Der durchschnittliche Brennstoffverbrauch schwankte bei 1.000 km zwischen 52 t und 70 t Kohle. Angesichts dieser Zahlen suchte die DR nach Möglichkeiten, die Heizer spürbar zu entlasten. Dies war mit der Ölhauptfeuerung möglich. Nach dem Abschluss der Versuchsfahrten mit der 44 195 und der Erprobung der mit der serienmäßigen Ölhauptfeuerung ausgerüsteten 44 1595 besaß für die DR der Umbau weiterer »Jumbos« oberste Priorität. Bereits am 9. November 1962 einigten sich die HvM und die HvRaw auf die Umrüstung von weiteren 29 Maschinen der Baureihe $44^{\text{Öl}}$ in den Jahren 1963/64, deren Umbau das Raw Meiningen übernahm.

Die HvM wies die umgebauten Loks zunächst den Bahnbetriebswerken Erfurt G und Halle G zu. Ab 1965 stieg die Zahl der ölgefeuerten »Jumbos« weiter an. Bereits am 31. Dezember 1965 verfügte die DR über 63 Exemplare der Baureihe $44^{\text{Öl}}$, die nun auch von Meiningen, Nordhausen und Sangerhausen aus zum Einsatz kamen. 1966 wurde der Bestand durch weitere 31 Exemplare verstärkt. Einige dieser Maschinen wies die HvM der Rbd Schwerin zu, die die Öl-44er von Rostock und Wittenberge aus einsetzte. Mit der Abnahme der 44 398 am 21. Dezember 1966 sollte eigentlich das Umbauprogramm für die Baureihe 44 abgeschlossen sein. Im Herbst 1967 rüstete das Raw Meiningen aber noch nachträglich 44 350 mit einer Ölhauptfeuerung aus, da die 44 1207 im September 1967 bei einem Unfall schwer beschädigt wurde. Damit gab es bei der DR insgesamt 95 ölgefeuerte 44er.

Bereits Ende der 1960er-Jahre kam es zu einigen Verschiebungen bei den Öl-44er. Ab 1967 setzte das Bw Saalfeld ebenfalls Loks der Baureihe $44^{\text{Öl}}$ ein.

Mit der Einführung der EDV-gerechten Betriebs-Nr. am 1. Juni 1970 verloren die Öl-44er ihre alten Ordnungs-Nr., die nun immer vierstellig waren und mit einer »0« – dem Kennzeichen für die Ölhauptfeuerung – begannen. Zeitgleich nahm die Bedeutung der Öl-44er in Erfurt und Halle G ab. Bis 1973 wurden sie hier durch sowjetische Dieselloks der Baureihen 130 und 131 abgelöst. Während die Rbd Erfurt ihre Loks meist auf die Bahnbetriebswerke Meiningen, Nordhausen, Saalfeld und Sangerhausen verteilte, fanden viele Hallenser Öl-44er in Eberswalde eine neue Heimat. Die Rbd Schwerin löste 1973 den Rostocker 44er-Bestand auf und teilte ihn zwischen Güstrow und Wittenberge auf. 1975 gab das Bw Meiningen den Planeinsatz der Baureihe $44^{\text{Öl}}$ auf. Damit bildeten die »Jumbos« nur noch in Eberswalde, Güstrow, Nordhausen, Saalfeld, Sangerhausen und Wittenberge das Rückgrat im schweren Güterzugdienst. Hier erbrachten sie dank ihrer Ölhauptfeuerung beachtliche Laufleistungen. Noch Ende der 1970er-Jahre legten Maschinen aus Eberswalde und Wittenberge monatlich bis zu 10.000 km zurück. Die Öl-44er sollten bei der DR den Traktionswechsel beenden und erst 1985 aus der Zugförderung ausscheiden.

Doch daraus wurde nichts. Als ab 1978 der Weltmarktpreis für Erdöl dramatisch anstieg, ordnete der Ministerrat der DDR am 13. September 1979 einen strikten Sparkurs beim Verbrauch flüssiger Energieträger an. Im Frühjahr 1981 geriet die DDR dann in eine schwere Energiekrise, denn die Sowjetunion kürzte ihre Erdöl-Lieferungen von 19 auf 17 Millionen t. Damit konnte die DDR aber nicht ihren Eigenbedarf und die Lieferverpflichtungen an die Bundesrepublik erfüllen. Die DR war daher gezwungen, bis zum 31. Dezember 1981 alle

TECHNISCHE DATEN

Bauart		1´E h3
Betriebsgattung		G 56.20
Länge über Puffer (Tender 2´2´ T 34)	mm	22.620
Höchstgeschwindigkeit v/r	km/h	80/50
Zylinderdurchmesser	mm	550
Kolbenhub	mm	660
Treib- und Kuppelraddurchmesser	mm	1.400
Laufraddurchmesser v	mm	850
Kesselüberdruck	kp/cm^2	16
Rostfläche	m^2	4,7
Verdampfungsheizfläche	m^2	238,0
Dienstmasse (2/3 Vorräte)	t	171,0
Brennstoffvorrat	m^3	11,21
Wasserkasteninhalt	m^3	34
indizierte Leistung	PS_i	ca. 1.900
indizierte Zugkraft (0,8)	Mp	27,38

Anmerkung:

1 später auf 13,5 m^3 vergrößert

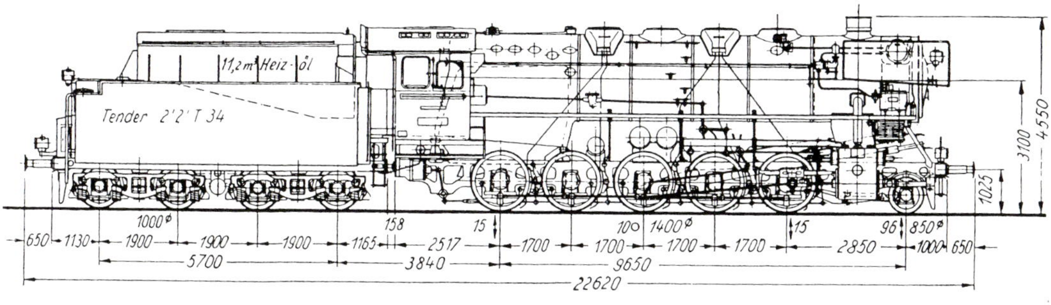

▲ **Baureihe $44^{Öl}$ mit einem Tender mit einem 11,2 m³ großen Öltank** *Zeichnung: Archiv transpress*

ölgefeuerten Dampfloks abzustellen. Am 10. Januar 1982 wurden die letzten Öl-44er abgestellt. Im Frühjahr 1982 wurden dann noch einmal einige Maschinen zum Verfeuern der Restbestände angeheizt. 44 1182 beendete schließlich am 16. April 1982 den Einsatz der Baureihe $44^{Öl}$. Bis 1983 baute das Raw Meiningen von den noch vorhandenen 93 »Jumbos« 56 zu fahrfähigen Heizloks und 25 zu Wärmespendern um.

▲ **Die DR rüstete insgesamt 95 Maschinen der Baureihe 44 mit einer Ölhauptfeuerung aus. 44 0413-3 (ex 44 1413) wurde 1964 umgebaut. Am 23. Juni 1979 diente die Lok im Bw Saalfeld als Betriebsreserve.** *Foto: P. Gericke, Archiv D. Endisch*

▲ **Die ölgefeuerten Reko-50er zeichnete die DR zur Baureihe 50.50 um. 50 5002 (ex 50 3566) gehörte nach ihrer Abnahme am 3. März 1966 zum Bw Wittenberge.** *Foto: Slg. J. Töpelmann, Archiv transpress*

6.2 Die Baureihe 50.50

Der Umbau der Reko-Dampfloks der Baureihe 50.35 (siehe S. 86 f.) auf Ölhauptfeuerung stand bei den ersten Planungen der HvM und der HvRaw nicht zur Debatte. Dies änderte sich erst, als das Umbauprogramm ab Ende 1963 langsam Konturen annahm. Bei den Verhandlungen zwischen HvM, HvRaw und den Reichsbahndirektionen brachten die Vertreter aus Greifswald und Schwerin die Umrüstung der Baureihe 50.35 zur Sprache. Der Vorschlag fand schließlich Eingang in die Planungen der HvM und der HvRaw. Unmittelbar nachdem am 11. Februar 1965 das Umbauprogramm vorgestellt wurde, erhielt das Raw Stendal den Auftrag, mit den notwendigen konstruktiven Arbeiten zu beginnen. Dabei griff das Raw Stendal auf den Zeichnungssatz für die Baureihe 44 zurück, der entsprechend angepasst werden musste. Die Änderungen hielten sich in Grenzen. Der Kostenvoranschlag für den Umbau einer Reko-50er auf Ölhauptfeuerung belief sich auf 48.000 Mark, was etwa den Kosten für die Baureihen 01.5 und 44 entsprach. Nach den Berechnungen der DR sollte sich diese Investition nach etwa 16 Monaten amortisieren.

Ende 1965 sollten die ersten drei Öl-50er bereits zur Verfügung stehen. Dies war jedoch nicht möglich, da dem Raw Stendal vor allem die für den Umbau notwendigen Siliziumkarbid-Steine fehlten. Außerdem hatte die DDR-Industrie Lieferprobleme bei Gummiplatten, Absperrventilen und Feuerlöschern, was den Fortgang der Arbeiten zusätzlich verzögerte. Erst im Dezember 1965 begann

TECHNISCHE DATEN

Bauart		1´E h2
Betriebsgattung		G 56.15
Länge über Puffer (Tender 2´2´ T 26)	mm	22.940
Höchstgeschwindigkeit v/r	km/h	80/50
Zylinderdurchmesser	mm	600
Kolbenhub	mm	660
Treib- und Kuppelraddurchmesser	mm	1.400
Laufraddurchmesser v	mm	850
Kesselüberdruck	kp/cm^2	16
Rostfläche	m^2	3,71
Verdampfungsheizfläche	m^2	172,3
Dienstmasse (2/3 Vorräte)	t	139
Brennstoffvorrat	t	11,2[1]
Wasserkasteninhalt	m^3	26
indizierte Leistung	PS_i	ca. 1.800
indizierte Zugkraft (0,8)	Mp	21,72

Anmerkung:

1 11,2 m^3 Heizöl

im Raw Stendal der Umbau der 50 3567 zur 50 5001. Sie absolvierte am 31. Januar 1966 ihre ersten Probefahrten und wurde am 18. Februar 1966 in Dienst gestellt. Die HvM verzichtete auf eine messtechnische Untersuchung und nahm mit der 50 5001 lediglich einige Testfahrten im Plandienst vor. Da die 50 5001 keinerlei Mängel offenbarte, begann umgehend der Serienumbau. Bereits am 15. März 1967 wurde mit 50 5042 die vorerst letzte Öl-50er in Dienst gestellt.
Die HvM verteilte die Maschinen auf die Bahnbetriebswerke Angermünde und Wittenberge. Dort wurden die Loks bevorzugt im schweren Güterzugdienst verwendet. Dabei erwiesen sich die Maschinen dank ihrer verdampfungsfreudigen Reko-Kessel als die besten ölgefeuerten Dampfloks der DR.
Mit der Einführung der EDV-gerechten Betriebs-Nr. wurden die Öl-50er abermals umgezeichnet. Entsprechend den Festlegungen der DR für die Bezeichnung ölgefeuerter Dampfloks wurde die »5« der Ordnungs-Nr. durch eine »0« ersetzt.
Mit den neuen EDV-gerechten Betriebs-Nr. wurden die 30 in den Jahren 1970/71 umgebauten Öl-50er bereits im Raw Stendal ausgerüstet. Die HvM wies die Maschinen meist den Bahnbetriebswerken Angermünde, Pasewalk, Rostock, Wismar und Wittenberge zu. Einige wenige Loks waren von 1970 bis 1973 im Bw Halle G stationiert. Die meisten Öl-50er waren jedoch in Angermünde und Wittenberge beheimatet.
Bereits Ende der 1970er-Jahre nahm die Zahl der betriebsfähigen Öl-50er ab. Der jahrelange Einsatz im schweren Güterzugdienst führte zu einem sehr hohen Verschleiß an Kesseln, Lauf- und Triebwerken. Bis 1980 wurden acht Maschinen ausgemustert. Die Energiekrise im Frühjahr 1981 beschleunigte das Ausscheiden der Baureihe 50.50 aus dem Betriebsdienst. Im Sommer 1981 setzten nur noch Angermünde und Wittenberge Öl-50er ein. Doch damit war zum Jahreswechsel 1981/82 Schluss.
Aufgrund des schlechten Allgemeinzustands der Baureihe 50.50 verzichtete die DR auf den zunächst erwogenen Rückbau auf Kohlefeuerung. Ab 1982 wurden die Loks dann ausgemustert und zerlegt. Mitte der 1980er-Jahre gehörten nur noch 50 0047 und 50 0072 zum Bestand der DR. Beide Loks dienten als Wärmespender im Bw Görlitz. Dadurch blieb 50 0072 der Weg zum Schrottplatz erspart. Sie gehört heute dem Bayerischen Eisenbahn-Museum in Nördlingen.

▲ 50 0050-0 (ex 50 3524) gehörte zu den 1970/71 umgebauten Maschinen. Der Schneepflug verlieh der Lok (Bw Pasewalk am 07.03.1981) ein bulliges Aussehen.
Foto: P. Gericke, Archiv D. Endisch

6.3 Die Baureihe $95^{Öl}$

Auch die Baureihe 95 spielte bei den ersten Überlegungen der HvM und der HvRaw hinsichtlich der Umrüstung auf Ölhauptfeuerung zunächst keine Rolle. Erst die Rbd Erfurt setzte das Thema Ende 1963 auf die Tagesordnung, da das Bw Probstzella auf absehbare Zeit auf die schweren 1´E1´h2t-Maschinen noch nicht verzichten konnte. Der Umbau der ehemaligen preußischen T 20 versprach mehrere Vorteile. Neben der Entlastung des Heizers konnten die Leistung und der Aktionsradius gesteigert sowie der Brennstoffverbrauch und die Betriebskosten gesenkt werden. Vor diesem Hintergrund stimmte die HvM im Frühjahr 1964 dem Wunsch der Rbd Erfurt zu und ließ 95 004 im Raw Meiningen mit einer Ölhauptfeuerung (17.08.–30.10.1964) ausrüsten. Die Konstruktionsabteilung des Raw Meiningen leistete die dazu notwendigen Vorarbeiten. Nach einer Lastprobefahrt auf der Strecke Grimmenthal–Eisfeld wurde die 95 004 am 18. November 1964 dem Bw Probstzella zugewiesen. Dort erfreute sich die Maschine sofort großer Beliebtheit, denn die Öllok war ihren kohlegefeuerten Schwestern deutlich überlegen. Dies bestätigten auch die Messfahrten der VES-M Halle (Saale), die die Lok gründlich untersuchte (30.04.–11.06.1965). Bei den Beharrungs- und Betriebsmessfahrten erreichte die Maschine eine effektive Leistung von bis zu 1.550 PS. Dank der Ölhauptfeuerung konnte die Heizflächenbelastung des Kessels von 57 kg/m²h bis auf 70 kg/m²h gesteigert werden. Die Verdampfungsleistung des Kessels konnte so von 11,4 t Dampf je Stunde (bei 57 kg/m²h) auf 13 t Dampf je Stunde (bei 65 kg/m²h) gesteigert werden. Aufgrund des deutlich geringeren Brennstoffverbrauchs konnte der Wirkungsgrad der Lok auf bis zu 6,7 % angehoben werden. Der Umbau der 95 004 war also ein voller Erfolg.

Damit gab es gegen die Aufnahme der Baureihe 95 in das Umbauprogramm keine Einwände mehr. Entsprechend dem bis zum Sommer 1966 ausgearbeiteten Konzept sollten insgesamt 18 Maschinen der Baureihe 95 mit einer Ölhauptfeuerung ausgerüstet werden. Noch vor der offiziellen Vorstellung des Umbauprogramms im August 1966 ordnete die HvRaw am 24. Mai 1966 die Umrüstung der Maschinen an. Das Raw Meiningen hatte zu diesem Zeitpunkt schon Fakten geschaffen. Bis zum 6. Juni 1966 besaßen bereits 95 009, 95 023 und 95 037 eine Ölhauptfeuerung. Bis Ende 1966 folgte noch 95 043. 1967 wurden schließlich 95 005, 95 010, 95 014, 95 015, 95 020, 95 022, 95 028, 95 029, 95 030, 95 032, 95 036, 95 040 und 95 044 umgerüstet. Um einen längerfristigen Einsatz der Maschinen zu gewährleisten, erhielten einige 95er geschweißte Ersatzkessel (siehe Seite 54 ff.).

Das Bw Probstzella und die ihr unterstellte Einsatzstelle (Est) Sonneberg bespannte mit den Öl-95ern in erster Linie Personen- und Güterzüge auf den Strecken Sonneberg–Eisfeld, Sonneberg–Probstzella, Ernstthal–Neuhaus am Rennweg und Probstzella–Saalfeld. Der Einsatz auf den Gebirgsstrecken des Thüringer Waldes brachte den Öl-95ern den Beinamen »Bergkönigin« ein.

Ende der 1960er-Jahre meldete das Bw Probstzella Bedarf an weiteren ölgefeuerten Maschinen an, da die vorhandenen 18 Exemplare der Baureihe $95^{Öl}$ nicht ausreichten. Die HvM gab dem statt und ließ im Raw Meiningen zwischen 1970 und 1973 weitere sechs Loks (95 016, 95 024, 95 025, 95 027, 95 041 und 95 045) umbauen. Damit standen dem Bw Probstzella nun insgesamt 24 ölgefeuerte T 20 zur Verfügung. Bereits Mitte der 1970er-Jahre nahmen die Schäden bei den Öl-95ern deutlich zu. Vor allem die Trieb- und Laufwerke hatten durch den schweren Gebirgsdienst ihre Nutzungsgrenze erreicht. Ab dem Frühjahr 1980 wurde daher die Baureihe $95^{Öl}$ durch Dieselloks der Baureihe 119 abgelöst. Bereits im Dezember 1980 verfügte das Bw Probstzella nur noch über drei betriebsfähige Öl-95er. 95 027 absolvierte schließlich am 28. Februar 1981 die Abschiedsfahrt für die Baureihe $95^{Öl}$, von der neben den beiden auf Kohlefeuerung zurückgebauten 95 016 und 95 027 noch die Ölloks 95 009, 95 020 und 95 028 bis heute erhalten geblieben sind.

TECHNISCHE DATEN

Bauart		1´E1´h2t
Betriebsgattung		Gt 57.19
Länge über Puffer	mm	15.100
Höchstgeschwindigkeit v/r	km/h	65/65
Zylinderdurchmesser	mm	700
Kolbenhub	mm	660
Treib- und Kuppelraddurchmesser	mm	1.400
Laufraddurchmesser v/h	mm	850/850
Kesselüberdruck	kp/cm²	14
Rostfläche	m²	4,36
Verdampfungsheizfläche	m²	198,8
Dienstmasse (2/3 Vorräte)	t	122
Brennstoffvorrat	t	5,5[1]
Wasserkasteninhalt	m³	12
indizierte Leistung	PS_i	ca. 1.700
indizierte Zugkraft (0,8)	Mp	25,87

Anmerkung:

1 5,5 m³ Heizöl

▲ Der Ölbunker der Baureihe $95^{Öl}$ hatte ein Fassungsvermögen von 5,5 m^3. 95 0010-9 (ex 95 010) besaß seit 1967 einen geschweißten Ersatzkessel. Im Sommer 1979 pausierte die Lok im Bw Saalfeld.

Foto: J. Krantz, Archiv D. Endisch

▲ Die ölgefeuerten Maschinen der Baureihe 95 waren fast ausschließlich im Bw Probstzella zuhause. Die Öl-95er wurden in erster Linie auf den Strecken nach Saalfeld und Eisfeld eingesetzt. 95 0043-0 (ex 95 043) stand im Sommer 1979 mit einem Personenzug nach Probstzella im Bahnhof Saalfeld.

Foto: J. Krantz, Archiv D. Endisch

7. NEUE KESSEL UND RAHMEN: DIE MODERNIESIERUNG DER SCHMALSPUR-DAMPFLOKS

Die Deutsche Reichsbahn (DR) in der sowjetischen Besatzungszone (SBZ) betrieb am 31. Dezember 1947 mehrere Schmalspurbahnen mit einer Gesamtstreckenlänge von rund 490 km. Durch die Übernahme der nach dem Zweiten Weltkrieg enteigneten Klein- und Privatbahnen im Frühjahr 1949 nahm die Zahl der Schmalspurbahnen erheblich zu. Am 1. Juli 1951 besaß die DR ein Streckennetz mit mehr als 1.300 km Länge. Die Strecken hatten eine Spurweite von 600 mm (142,6 km Länge), 750 mm (873,75 km Länge), 900 mm (15,4 km Länge) und 1.000 mm (334,14 km Länge).

Die hier eingesetzten Dampfloks befanden sich meist in einem desolaten Zustand. Dies war in erster Linie der mangelnden Wartung aufgrund fehlender Ersatzteile und Arbeitskräfte sowie der deutlich gestiegenen Belastung während des Zweiten Weltkrieges und in der Nachkriegszeit geschuldet. Außerdem hatte die Sowjetische Militäradministration in Deutschland (SMAD) in den Jahren 1945/46 zahlreiche Maschinen der Baureihen 99.51–60, 99.64–71 und 99.73–76 als Reparationsleistung beschlagnahmt. Ein weiteres Problem hatten die Schmalspurloks mit ihren normalspurigen Schwestern gemeinsam: die Brennstoffversorgung. Wie schon an anderer Stelle in diesem Buch ausgeführt, stand der DR seit dem Sommer 1945 kaum noch Steinkohle zur Verfügung. Die Schmalspur-Dampfloks mussten daher mit Briketts oder Rohbraunkohle gefeuert werden. Doch dafür waren die Maschinen nicht ausgelegt. Durch die Verfeuerung von Braunkohle nahm der Verschleiß vor allem an den Kesseln weiter zu. Bereits 1946 beklagte die Reichsbahndirektion (Rbd) Dresden bei ihren Schmalspur-Dampfloks einen erhöhten Reparaturbedarf. Doch die notwendigen Werkstattkapazitäten fehlten. Viele Reichsbahnausbesserungswerke (Raw) waren durch Kampfhandlungen beschädigt worden. Die SMAD hatte zudem 1945/46 zahlreiche Werkzeugmaschinen und Anlagen als Reparationsleistung demontieren lassen, was die Leistungsfähigkeit der Werke weiter verringerte. Die noch vorhandenen Kapazitäten benötigte die DR für die Instandsetzung ihrer regelspurigen Dampfloks. Vor diesem Hintergrund griff die Rbd Dresden zur Selbsthilfe und baute eigene Werkstätten für die Instandhaltung der Schmalspurloks auf. Ab 1948 setzte die Werkabteilung Schlauroth des Bw Görlitz Schmalspur-Dampfloks instand. Aus dieser Werkabteilung ging schließlich am 1. Januar 1950 das Raw Schlauroth (ab 1955 Görlitz) hervor.

Mit der Übernahme der ehemaligen Klein- und Privatbahnen am 1. April 1949 verschärfte sich die Lage bei den Schmalspurloks erheblich. Der Lokpark, den die DR bei den Bimmelbahnen vorfand, war völlig überaltert und zum größten Teil verschlissen. Es gab kaum moderne Konstruktionen. Die meisten Loks waren Entwicklungen der vorletzten Jahrhundertwende. Außerdem waren die Fahrzeuge oft Einzelstücke, welche die Bahngesellschaften nach ihren Vorstellungen beschafft hatten. Kaum eine Lok besaß Normteile, die eine rationelle Unterhaltung ermöglichten. Darüber hinaus fehlten meist gründliche technische Dokumentationen.

▲ **Dank des großangelegten Modernisierungsprogramms für Schmalspur-Dampfloks sind bis heute zahlreiche Maschinen der Baureihen 99.51–60 und 99.73–76 erhalten. Vor dem Lokschuppen in Jöhstadt standen am 13. August 1977 mit 99 1590-1, 99 1585-8, 99 1582-8 und 99 1561-2 gleich vier großteilerneuerte IV K.** *Foto: H.-G. Kleine, Archiv transpress*

Die Probleme des Betriebsmaschinendienstes und des Werkstättenwesens blieben der Generaldirektion (GD) der DR nicht verborgen. Bereits 1950 unterrichteten die Direktionen die GD über die katastrophale Lage. Besonderes dramatisch war die Situation in der Rbd Dresden. Dort hatte der Personen- und Güterverkehr auf einigen Strecken infolge des Uran-Bergbaus der »Staatlichen Aktiengesellschaft der Buntmetallindustrie Wismut« (SAG) deutlich zugenommen. Sämtliche Reserven waren nun ausgereizt. Vor diesem Hintergrund gab der zuständige Referent der Abteilung Maschinentechnik der GD eine Bedarfsanalyse in Auftrag. Das am 9. August 1950 vorgelegte Papier sah einen täglichen Bedarf von 91 Schmalspurloks für die 750 mm-Strecken vor. Einschließlich der Reserveloks und der Maschinen für zusätzliche Leistungen benötigte die DR 1955 insgesamt 133 Maschinen mit dieser Spurweite. Da dieser Bedarf mit den vorhandenen Loks nicht abzudecken war, wollte die DR bis 1954 insgesamt 67 neue 750-mm-Dampfloks beschaffen. Bereits 1951 wurden die ersten Maschinen der Baureihe 99.77–79 (siehe S. 46 f.) in Dienst gestellt. Neben den schweren 1´E 1´h2-Tenderloks plante die DR außerdem die Beschaffung von Dh2-Schlepptenderloks analog der Baureihe 99.140 (siehe S. 48 f.) sowie leichter 1´D 1´h2t-Maschinen als Ersatz für die Baureihe 99.51–60.

Doch dieser Beschaffungsplan erwies sich als Illusion. Die berechtigten Wünsche der DR scheiterten an der Staatlichen Plankommission (SPK) und den fehlenden Kapazitäten in der Schienenfahrzeug-Industrie der DDR. Die SPK bewilligte der DR nur Stahl für den Bau von 24 Maschinen der Baureihe 99.77–79 sowie 17 Meterspur-Dampfloks der Baureihe 99.23–24 (siehe S. 42 f.). Doch damit war eine grundlegende Modernisierung des Fahrzeugparks nicht möglich.

In der zweiten Hälfte der 1950er-Jahre wollte die DR die Probleme auf dem Triebfahrzeug-Sektor durch den

▲ **Das Raw Görlitz rüstete die Einheitsloks der Baureihe 99.73–76 zwischen 1963 und 1966 mit geschweißten Ersatzkesseln aus. Dazu gehörte auch 99 1731-1 (ex 99 731), die am 9. Juni 1979 mit einem Personenzug den Bahnhof Zittau Süd verließ.** *Foto: H.-G. Kleine, Archiv transpress*

Einsatz von Dieselloks lösen. Auslöser dafür war die III. Parteikonferenz (24.–30.03.1956) der Sozialistischen Einheitspartei Deutschlands (SED), auf der die Richtlinien für den zweiten Fünfjahrplan (1956–1960) festgelegt wurden. Günter Mittag, der Leiter der Abteilung Eisenbahn, Verkehr und Verbindungswesen im Zentralkomitee (ZK) der SED, verlangte von der DR die Einstellung des Dampflokbaus und die Beschaffung moderner Dieselloks. Der VEB Lokomotivbau »Karl Marx« Babelsberg begann daraufhin mit der Konstruktion der Baureihe V 36 K, die für den Einsatz auf den 750 mm-Strecken gedacht war. Die Übergabe des ersten Baumusters V 36 4801 an die DR verzögerte sich aufgrund zahlreicher technischer Probleme bis zum 21. Dezember 1960. Die zweite Lok, die V 36 4802, stand erst ab 16. Mai 1961 für Probefahrten zur Verfügung. Die DR plante zu diesem Zeitpunkt die Beschaffung von insgesamt 137 Maschinen der Baureihe V 36 K.

Doch die Probefahrten waren ein Desaster: Die Maschinen waren nicht nur zu schwer, sondern auch eine Fehlkonstruktion. Die DR brach die Versuche daher bereits im Sommer 1961 ab. Parallel dazu hatte die SPK angesichts der beschränkten Kapazitäten im LKM Babelsberg den Bau der V 36 K verworfen und stattdessen den Import von Schmalspur-Dieselloks aus der Sowjetunion oder einem anderen sozialistischen Bruderland empfohlen. Nachdem es jedoch keine Type gab, die ohne größere Änderungen auf den Schmalspurbahnen der DR in Dienst gestellt werden konnte, mussten die Dampfloks weiter in der Zugförderung eingesetzt werden. Allerdings war ein erheblicher Teil der auf den 750-mm-Strecken eingesetzten Maschinen 1961 verschlissen. Das Raw Görlitz begann daher in Abstimmung mit der Hauptverwaltung der Maschinenwirtschaft (HvM), der Hauptverwaltung der Reichsbahnausbesserungswerke (HvRaw) und der betroffenen Direktionen umgehend mit den notwen-

▲ Mehrere Schmalspur-Dampfloks wurden im Raw Görlitz in den 1960er-Jahren neu aufgebaut. Dazu gehörten auch 99 1590-1 und 99 4511-4, die sich am 10. Juni 2000 im Bahnhof Jöhstadt ein Stelldichein gaben. Beide Maschinen werden heute von der IG Preßnitztalbahn betreut. *Foto: D. Endisch*

digen Vorbereitungen für die Modernisierung. Bereits 1962 wurden die ersten Maschinen der Baureihe 99.51–60 mit einem geschweißten Ersatzkessel ausgerüstet. Ein Jahr später folgten die ersten Loks der Baureihen 99.64–71 und 99.73–76. Bei dieser »Generalreparatur« (GR) wurden im Bedarfsfall auch die verschlissenen Führerhäuser und Vorratsbehälter ersetzt. Bei einigen Loks mussten sogar die Rahmen und andere Hauptbaugruppen ausgetauscht werden. Diese Maschinen wurden dann im Zuge einer so genannten »Großteilerneuerung« de facto neu gebaut, so geschehen bei den Baureihen 99.51–60 und 99.64–71 sowie bei der 99 4511. Die Modernisierung der Schmalspur-Dampfloks endete erst 1967.

7.1 Die Baureihe 99.463

Die Schmalspurbahn Putbus–Göhren, besser bekannt als »Rasender Roland«, gehört heute zu den größten Attraktionen der Insel Rügen. Die DR übernahm 1949 die Strecken Altefähr–Putbus (32,27 km), Putbus–Göhren (24,19 km), Bergen–Wittower Fähre (22,67 km) und Fährhof–Altenkirchen (14,55 km) der ehemaligen Rügenschen Kleinbahnen (RüKB). Während auf der so genannten »Bäderstrecke« zwischen Putbus und Göhren der Personenverkehr das Bild bestimmte, spielte auf den anderen Schmalspurbahnen der Güterverkehr eine dominierende Rolle. Vor allem für die »Bäderstrecke« hatte die RüKB zwischen 1913 und 1925 insgesamt drei Tendermaschinen der Gattung »M« von der Lokomotivfabrik Vulcan in Stettin-Bredow beschafft. Während die Loks 51^{M} und 52^{M} Nassdampf-Maschinen waren, besaß die zuletzt in Dienst gestellte 53^{Mh} bereits ein Heißdampf-Triebwerk. Da die 53^{Mh} deutlich mehr Leistung hatte und günstiger im Verbrauch war, ließ die RüKB 1927 die Loks 51^{M} und 52^{M} auf Heißdampf umbauen. Die drei Dh2-Tenderloks trugen nun die Hauptlast der Zugförderung auf der Strecke Putbus–Göhren. Die DR reihte die drei Maschinen am 1. Januar 1950 als 99 4631 bis 99 4633 in ihren Bestand ein. Bereits Mitte der 1950er-Jahre zeigten die drei Maschinen jedoch erhebliche Verschleißerscheinungen an den Rahmen. Da das Bahnbetriebswerk (Bw) Putbus aber auf die Dienste der leistungsfähigen und bei den Personalen beliebten Maschinen nicht verzichten konnte, ent-

▲ Anfang der 1960er-Jahre wurden die Maschinen der Baureihe 99.463 mit neuen Rahmen ausgerüstet. In den Jahren 1992/93 erhielten 99 4632 und 99 4633 außerdem geschweißte Ersatzkessel. Dadurch sind die beiden Loks bis heute einsatzbereit. 99 4632 stand am 19. Mai 2005 im Bahnhof Göhren.

Foto: D. Endisch

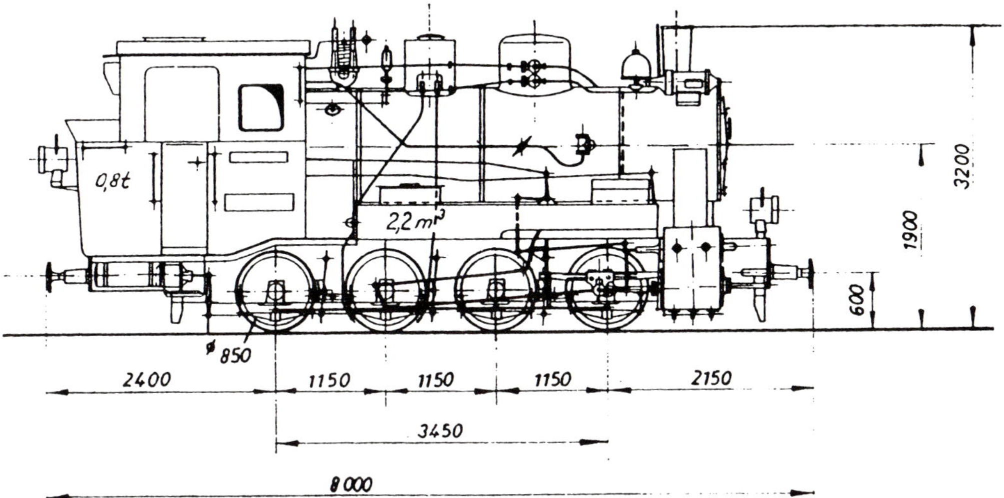

▲ **Baureihe 99.463** *Zeichnung: Archiv transpress*

wickelte die Konstruktionsabteilung des Raw Görlitz für die Baureihe 99.463 einen geschweißten Ersatzrahmen. Als Vorlage diente der Rahmen von 99 4631 und 99 4632, der im Gegensatz zum Rahmen der 99 4633 nur einen Gesamtachsstand von 3.400 mm besaß. Als erstes Exemplar ihrer Baureihe erhielt 99 4631 im Sommer 1961 im Zuge einer Hauptuntersuchung (L4) einen Ersatzrahmen. Dabei wurde die Lok auch mit einem neuen Wasserkasten, einem größeren Führerhaus, neuen Achswellen und einer Druckluftbremse der Bauart Knorr ausgerüstet. Anschließend folgte 99 4632 (23.01.–28.04.1962), die analog der 99 4631 modernisiert wurde. Lediglich das Führerhaus wurde nicht vergrößert, da die 99 4632 bereits seit ihrer Indienststellung 1914 den 2 m langen und 2,2 m breiten Führerstand besaß. Als letzte Maschine wurde ein Jahr später die 99 4633 (04.02.–17.06.1963) im Raw Görlitz modernisiert. Durch den Einbau des neuen Rahmens verkleinerte sich bei ihr der Gesamtachsstand von 3.450 mm auf 3.400 mm.

Nach dieser Verjüngungskur setzte das Bw Putbus die Maschinen wieder auf den Strecken der ehemaligen RüKB ein. Nach der Stilllegung der meisten Schmalspurbahnen auf der Insel Rügen beschränkte sich der Einsatz der Baureihe 99.463 ab 1971 auf den »Rasenden Roland« zwischen Putbus und Göhren. Anfang der 1980er-Jahre erreichten schließlich die Kessel und Triebwerke ihre Nutzungsgrenze. Die DR wollte die Baureihe 99.463 daher durch Neubauloks der Baureihe 99.77–79 (siehe S. 46 f.) ersetzen. Nach der Umbeheimatung der 99 782 und 99 784 musterte die DR 1984 die 99 4631 aus und verkaufte sie an einen Apotheker in Lehrte. Bis 1990 sollten dann auch 99 4632 und 99 4633 ausgemustert werden. Doch die politische Wende in der DDR verhalf den beiden Loks zu einer zweiten Verjüngungskur. Das Raw Görlitz rüstete 99 4632 (28.09.1992–18.01.1993) und 99 4633 (02.01.–09.11.1992) mit neuen Kesseln und Zylindern aus, so dass die Maschinen bis heute im Betriebsdienst eingesetzt werden können.

TECHNISCHE DATEN

Bauart		D h2t
Betriebsgattung		K 44.6
Länge über Puffer	mm	8.000
Höchstgeschwindigkeit v/r	km/h	30/30
Zylinderdurchmesser	mm	350
Kolbenhub	mm	400
Treib- und Kuppelraddurchmesser	mm	850
Kesselüberdruck	kp/cm²	12
Rostfläche	m²	0,9
Verdampfungsheizfläche	m²	33,77
Dienstmasse (2/3 Vorräte)	t	25,2
Brennstoffvorrat	t	0,8
Wasserkasteninhalt	m³	2,2
effektive Leistung	PS_e	185
indizierte Zugkraft	Mp	4,1

7.2 Die Baureihe 99.480

Zu den bekanntesten Schmalspur-Dampfloks gehören 99 4801 und 99 4802. Die für Tenderloks ungewöhnliche Achsfolge (1´Dh2), der schlanke Kessel und der Krempenschornstein geben den beiden Maschinen ein unverwechselbares Aussehen. Mit ihrer Höchstgeschwindigkeit von 45 km/h waren sie die schnellsten Dampfloks der DR für 750 mm Spurweite. Die DR hatte die beiden Maschinen 1949 von den Kleinbahnen des Kreises Jerichow I (KJ I) übernommen.

Die KJ I hatten ihren Sitz in Burg (bei Magdeburg). Von dort aus betrieben die KJ I ein rund 100 km langes Schmalspurnetz (750 mm Spurweite) zwischen Burg, Ziesar, Altengrabow, Loburg und Gommern. Ende der 1930er-Jahre benötigten die KJ I dringend neue Maschinen. Deren Konstruktion übernahm 1937 die Firma Henschel & Sohn in Kassel. Bereits ein Jahr später begann die Fertigung der beiden bestellten 1´Dh2-Tenderloks. Ende November 1938 lieferte die Firma Henschel & Sohn die erste Maschine aus, die die KJ I als Lok 20 in Dienst stellte. Die zweite Maschine wurde am 5. April 1939 als Lok 21 abgenommen. Beide Maschinen bestachen zwar durch ihre hohe Leistung und Zugkraft, doch die Laufeigenschaften der 1´Dh2-Tenderloks waren auf aufgrund der ungleichmäßigen Verteilung der Massen zwischen der Lauf- und den Kuppelachsen unbefriedigend. Die Betriebsleitung der KJ I ließ daher im Zuge einer Hauptuntersuchung 1949/50 die Lok 21 zu einer Dh2t-Maschine umbauen. Die Laufeigenschaften verbesserten sich dadurch aber nicht. Im Gegenteil, durch die großen Überhänge neigte die Maschine nun zum Nicken und Schlingern, so dass die Höchstgeschwindigkeit auf 40 km/h verringert werden musste.

▲ **Das Raw Görlitz rüstete die beiden Maschinen der Baureihe 99.480 in den Jahren 1964/65 mit neuen Rahmen aus. Seit dem Herbst 1965 sind die beiden Loks auf dem »Rasenden Roland« zwischen Putbus und Göhren im Einsatz. 99 4801 nahm im Mai 1993 in Putbus Wasser.** *Foto: D. Endisch*

Die DR reihte die beiden Maschinen 1950 als 99 4801 (ex Lok 20) und 99 4802 (ex Lok 21) in ihren Bestand ein und setzte sie weiterhin auf den Strecken der ehemaligen KJ I ein. Dort bildeten sie gemeinsam mit den Loks der Baureihe 99.464 (siehe S. 114 f.) das Rückgrat in der Zugförderung.
Anfang der 1960er-Jahre war eine gründliche Instandsetzung der Rahmen unvermeidbar. Das Raw Görlitz entwickelte für die Baureihe 99.480 einen neuen geschweißten Blechrahmen. Mit diesem wurde als erste 99 4801 (18.03.–04.12.1963) ausgerüstet. Dabei erhielt die Lok außerdem einen Kipprost, eine Stahlfeuerbüchse, neue geschweißte Vorratsbehälter sowie ein vergrößertes, im oberen Drittel leicht eingezogenes Führerhaus. Letzteres gab der Lok ein moderneres Aussehen. Anschließend wurde 99 4802 (04.11.1963–16.07.1964) entsprechend modernisiert und wieder zu einer 1´D-Tenderlok umgebaut. Anschließend kamen die Loks erneut nach Burg, wo sie bis zur Stilllegung der ehemaligen KJ I am 25. September 1965 im Einsatz waren.
Danach übernahm das Bw Putbus die beiden Maschinen. Aufgrund ihrer Leistungsparameter setzte das Bw Putbus 99 4801 und 99 4802 bevorzugt auf der so genannten »Bäderstrecke« Putbus–Göhren ein. Die Personale gaben den Maschinen aufgrund ihrer Zugkraft den Spitznamen »Die Großen«. Ab 1971 fungierten beide Loks meist nur noch als Reserve für die im Plandienst eingesetzten Maschinen der Baureihe 99.463 (siehe S. 106 f.).
Ende der 1980er-Jahre schien das Schicksal der Baureihe 99.480 besiegelt. Da die Kessel verschlissen waren, wollte die DR die beiden Einzelgänger nach Ablauf ihrer Untersuchungsfristen ausmustern. Aber die politische Wende in der DDR verhinderte dies. Die DR gab im Raw Görlitz für die Baureihe 99.480 die Entwicklung eines geschweißten Ersatzkessels in Auftrag, mit dem zuerst 99 4802 (09.11.1992–19.10.1993) ausgerüstet wurde. Ihr folgte wenig später 99 4801 (10.06.1993–14.12.1993). Beide Maschinen erhielten neue Wasser- und Kohlekästen mit aufgesetzten Nietimitationen. Dank dieser Generalreparatur stehen beide Loks bis heute für die Zugförderung auf der Schmalspurbahn Putbus–Göhren zur Verfügung.

TECHNISCHE DATEN

Bauart		1 D h2t
Betriebsgattung		K 45.8
Länge über Puffer	mm	9.440
Höchstgeschwindigkeit v/r	km/h	40/40
Zylinderdurchmesser	mm	360
Kolbenhub	mm	410
Treib- und Kuppelraddurchmesser	mm	850
Laufraddurchmesser v	mm	500
Kesselüberdruck	kp/cm²	13
Rostfläche	m²	0,9
Verdampfungsheizfläche	m²	44,6
Dienstmasse (2/3 Vorräte)	t	29,7
Brennstoffvorrat	t	1,25
Wasserkasteninhalt	m³	3,5
effektive Leistung	PS_e	225
indizierte Zugkraft	Mp	4,9

▼ **Baureihe 99.480** *Zeichnung: Archiv transpress*

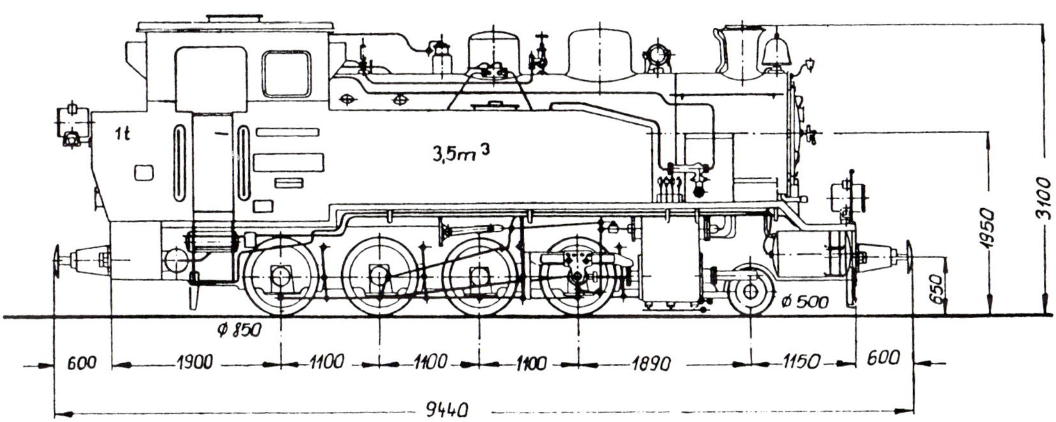

▲ **Das Raw Görlitz rüstete zwischen 1963 und 1965 insgesamt sieben VI K mit einem geschweißten Ersatzkessel aus. 99 1715-4 (ex 99 715) erhielt am 2. Dezember 1963 einen neuen Dampferzeuger. Am 18. April 2003 nahm die Lok in Dippoldiswalde Wasser.** *Foto: K.-J. Kühne*

7.3 Die Baureihe 99.64–71

Die Beschaffung der Baureihe 99.64–71 reicht zurück bis in die Zeit der Sächsischen Staatseisenbahnen (Sächs.Sts. E.). Diese benötigten nach dem Ersten Weltkrieg vor allem für ihre steigungs- und krümmungsreichen Strecken im Erzgebirge neue Maschinen. Der Bedarf konnte durch 15 Eh2-Tenderloks gedeckt werden, die die Firma Henschel & Sohn für die Heeresfeldbahnen 1918 gebaut hatte. Durch den Frieden von Brest-Litowsk (03.03.1918) benötigten die Heeresfeldbahnen die Maschinen aber nicht mehr, so dass die Sächs.Sts.E. die Loks ab 1919 erwerben konnten. Die zunächst als Gattung VI K bezeichneten Fünfkuppler erfüllten die Erwartungen der Sächs.Sts.E., so dass die Deutsche Reichsbahn zwischen 1923 und 1927 weitere Exemplare der nun als Baureihe 99.64–71 bezeichneten Type beschaffte.

Der DR in der SBZ standen ab 1947 noch 27 Exemplare der VI K zur Verfügung. Die Rbd Dresden konzentrierte den Einsatz der Fünfkuppler auf die Strecken des Wilsdruffer Netzes sowie die Schmalspurbahn Radebeul Ost–Radeburg. Anfang der 1960er-Jahre verschlechterte sich der Zustand der VI K erheblich. Vor allem die Kessel der Baureihe 99.64–71 bereiteten dem Raw Görlitz immer mehr Kopfzerbrechen. Nach einer Analyse des Raw Görlitz benötigte etwa die Hälfte des Bestandes dringend einen neuen Dampferzeuger, dessen Entwicklung das Raw Görlitz übernahm. Der Ersatzkessel entsprach in seinen wichtigsten Abmessungen dem Original-Dampferzeuger. Die Fertigung der neuen Kessel übernahm dann zunächst das Raw Cottbus. Als erste ihrer Baureihe wurde 99 692 (27.01.–02.12.1963) im Rahmen einer GR mit einem geschweißten Ersatzkessel ausgerüstet. In diesem Zusammenhang bekam die Lok auch neue geschweißte Wasserkästen. Bis 1965 setzte das Raw Görlitz als GR noch 99 673, 99 678, 99 685, 99 703, 99 713 und 99 715 instand. Die Kesselfertigung oblag jedoch ab 1965 dem Raw Halberstadt.

Doch mit der Neubekesselung der Baureihe 99.64–71 waren die Schwierigkeiten noch lange nicht behoben. Während der Instandsetzung zeigte sich, dass sich Blechrahmen einiger VI K im Laufe der Jahre verzogen hatten und dringend ersetzt werden mussten. Da die Rbd Dresden auf die Fünfkuppler mittelfristig nicht verzichten konnte, stand ab 1963 der Bau neuer Rahmen zur Diskussion. Das Raw Görlitz lehnte jedoch den Nachbau der alten Rahmen ab. Die Görlitzer Ingenieure schlugen für die notwendige Großteilerneuerung der VI K die Entwicklung eines neuen Rahmens sowie die Verwendung von Baugruppen und Komponenten der Baureihen 99.73–76 und 99.77–79 vor, um damit die Instandhaltung zu vereinfachen. Die HvM stimmte dem Vorschlag zu und beschloss am 13. Juli 1964 die Großteilerneuerung der VI K. Die am 22. April 1965 fertig gestellte 99 696 erinnerte kaum noch an die alte Baureihe 99.64–71.

Kessel, Rahmen, Führerhaus, Vorratsbehälter sowie die Treib- und Kuppelstangen waren Neubauten. Durch die Vergrößerung des Achsabstandes von 930 auf 1.000 mm sowie die Verlegung des Antriebs von der vierten auf die dritte Kuppelachse musste das Laufwerk völlig neu konstruiert werden. Von der alten 99 696 wurden lediglich die Radsätze, Zylinder, Lokschilder und einige Armaturen weiter verwendet. Bis Anfang 1966 baute das Raw Görlitz noch 99 648, 99 653, 99 687, 99 694 und 99 706 neu auf.

Im Betriebsdienst sorgten die neuen Maschinen zunächst für viel Ärger, da sie aufgrund des geänderten Laufwerks häufig entgleisten. Erst 1967 hatte das Raw Görlitz das Problem gelöst. Die modernisierten VI K kamen meist auf den Strecken Radebeul Ost–Radeburg und Freital-Potschappel–Nossen zum Einsatz. Nach der Einstellung des Reiseverkehrs auf der Strecke Freital-Potschappel–Nossen am 27. Mai 1972 stand nur noch eine großteilerneuerte VI K für den Güterverkehr auf dem Abschnitt Nossen–Obergruna-Bieberstein unter Dampf. Bereits 1975 musterte die DR die letzten großteilerneuerten VI K aus. Lediglich die beiden neubekesselten 99 713 und 99 715 blieben als Museumsloks bis heute erhalten.

TECHNISCHE DATEN

		vor GR[1]	vor GR[2]	GR
Bauart		E h2t	E h2t	E h2t
Betriebsgattung		K 55.9	K 55.9	K 55.9
Länge über Puffer	mm	8.660	8.990	9.100
Höchstgeschwindigkeit v/r	km/h	30/30	30/30	30/30
Zylinderdurchmesser	mm	430	430	430
Kolbenhub	mm	400	400	400
Treib- und Kuppelraddurchmesser	mm	800	800	800
Kesselüberdruck	kp/cm²	14	14	14
Rostfläche	m²	1,61	1,59	1,60
Verdampfungsheizfläche	m²	64,32	64,31	63,84
Dienstmasse (2/3 Vorräte)	t	38,2	39,9	?
Brennstoffvorrat	t	2,0	2,5	2,8
Wasserkasteninhalt	m³	4,5	4,5	4,05
effektive Leistung	PS_e	480	480	480
indizierte Zugkraft	Mp	7,77	7,77	7,77

Anmerkungen:

1 99 641 bis 99 655

2 99 671 bis 99 717

▲ **Sieben Maschinen der Baureihe 99.64–71 erhielten in den Jahren 1965/66 im Zuge der Großteilerneuerung neue Rahmen und Zylinder. Dazu gehörte auch 99 696 (Radebeul Ost am 18.06.1965). Die so genannte »Reko-VI K« ähnelte den Neubauloks der Baureihe 99.77–79.** *Foto: P. Pekny, Slg. VFS*

7.4 Die Baureihe 99.73–76

Die Einheitsloks der Baureihe 99.73–76 sind neben ihren Neubau-Schwestern der Baureihe 99.77–79 (siehe S. 46 f.) die stärksten Dampfloks auf den sächsischen Schmalspurbahnen. Noch während die Beschaffung der Baureihe 99.64–71 (siehe S. 112 f.) lief, meldete die RBD Dresden Bedarf an einer neuen Schmalspur-Maschine an. Die Entwicklung der gewünschten Einheits-Dampflok für 750 mm Spurweite übernahm die Sächsische Maschinenfabrik (SMF), vormals Richard Hartmann, in Chemnitz. Bereits am 17. Januar 1928 stimmte der Lokausschuss der Deutschen Reichsbahn-Gesellschaft (DRG) den Entwürfen zu. Nur wenige Monate später, am 17. November 1928, lieferte die SMF die erste 1´E1´h2t-Maschine der Baureihe 99.73–76 an die RBD Dresden. Die Testfahrten mit der 99 731 auf der Strecke Potschappel–Mohorn verliefen zur vollsten Zufriedenheit der RBD Dresden, die bis 1933 insgesamt 32 Exemplare in Dienst stellte. Die bei den Personalen beliebten Maschinen waren auf den Strecken Cranzahl–Oberwiesenthal, Zittau–Oybin/Jonsdorf, Hainsberg–Kipsdorf und auf dem Thumer Netz im Einsatz. Die SMAD beschlagnahmte 1945/46 zehn Loks. Nach der Indienststellung der Neubau-Loks der Baureihe 99.77–79 konzentrierte die DR die verbliebenen 22 Einheitsloks ab 1955 in den Bahnbetriebswerken Wilsdruff (Einsatzstelle Freital-Hainsberg) und Zittau, wo sie fortan das Rückgrat in der Zugförderung bildeten.

Bereits Ende der 1950er-Jahre zeigte die Baureihe 99.73–76 nach etwa 25 Dienstjahren erste Verschleißerscheinungen. Dies betraf zunächst die Vorratsbehälter und Führerhäuser, die das Raw Görlitz durch geschweißte Neubauten ersetzte. Im Zuge der planmäßigen Instandhaltung wurden die Maschinen außerdem ab 1963 mit Druckausgleich-Kolbenschiebern der Bauart Trofimoff ausgerüstet. Zu diesem Zeitpunkt bereiteten die Kessel der Einheitsloks dem Raw Görlitz zunehmend Probleme, da die Kupferfeuerbüchsen ihre Nutzungsgrenze erreicht hatten. Nachdem die Einheitsloks nach wie vor unverzichtbar waren, schlug der Technische Direktor des Raw Görlitz die Beschaffung von Ersatzkesseln vor. Diese sollten dann im Rahmen einer GR eingebaut werden. Der Kostenaufwand für die GR der Baureihe 99.73–76 hielt sich in Grenzen, da sich die soliden Barrenrahmen und die Triebwerke der Loks noch in einem sehr guten Zustand befanden. Die HvRaw stimmte dem Vorschlag des Raw Görlitz zu und genehmigte für 1963 den Bau von vier Ersatzkesseln. Die Entwicklung des neuen Dampferzeugers übernahm das Raw Görlitz, das sich im Wesentlichen an der Konstruktion des Ursprungskessels orientierte. Die Fertigung der Ersatzkessel übernahm das Raw Cottbus, das aus finanziellen Gründen den Dampf- und Speisedom der alten Dampferzeuger wieder verwendete. Bereits im Sommer 1963 traf der erste Ersatzkessel für die Baureihe

▲ **Baureihe 99.73–76** *Zeichnung: Archiv transpress*

▲ **Insgesamt 14 Maschinen der Baureihe 99.73–76 erhielten zwischen 1963 und 1966 einen geschweißten Ersatzkessel. Dazu zählte auch 99 1747-7 (ex 99 747), die am 20. September 2000 mit einem Personenzug im Bahnhof Freital-Hainsberg stand.** *Foto: D. Endisch*

99.73–76 in Görlitz ein. Dieser wurde auf 99 759 gesetzt, die am 2. Oktober 1963 das Ausbesserungswerk verließ. Bis zum Frühjahr 1964 erhielten außerdem 99 734, 99 750 und 99 761 einen Ersatzkessel.
Im Herbst 1964 meldete das Raw Görlitz Bedarf an weiteren sieben Ersatzkesseln für die Einheitsloks an. Die Fertigung der Dampferzeuger übernahm diesmal aber das Raw Halberstadt. Nach der Unterzeichnung des entsprechenden Auftrags am 14. Dezember 1964 begann umgehend die Produktion. Den ersten der 26.640 Mark teuren Ersatzkessel erhielt 99 749 am 2. April 1965. Ihr folgten bis zum 28. Februar 1966 noch 99 731, 99 735, 99 741, 99 746, 99 747 und 99 757. Doch auch damit war der Bedarf noch nicht gedeckt. Deshalb stellte das Raw Halberstadt 1966 weitere drei Ersatzkessel her, mit denen 99 758, 99 760 und 99 762 im Verlauf des Jahres 1966 ausgerüstet wurden.
Die DR setzte die Maschinen nach der Neubekesselung weiterhin auf den Strecken Zittau–Oybin/Jonsdorf und Freital-Hainsberg–Kurort Kipsdorf ein. Die 14 neubekesselten Maschinen blieben bis heute erhalten. Seit der Privatisierung der sächsischen Schmalspurbahnen gehören sie der Sächsisch-Oberlausitzer Eisenbahn-Gesellschaft (7 Loks) und der Sächsischen Dampfbahn GmbH (7 Loks), die einige Exemplare noch immer täglich im Betriebsdienst nutzen.

TECHNISCHE DATEN

Bauart		1´E 1´h2t
Betriebsgattung		K 57.9
Länge über Puffer	mm	10.540
Höchstgeschwindigkeit v/r	km/h	30/30
Zylinderdurchmesser	mm	450
Kolbenhub	mm	400
Treib- und Kuppelraddurchmesser	mm	800
Laufraddurchmesser v/h	mm	550/550
Kesselüberdruck	kp/cm^2	14
Rostfläche	m^2	1,74
Verdampfungsheizfläche	m^2	80,30
Dienstmasse (2/3 Vorräte)	t	53,9
Brennstoffvorrat	t	2,5
Wasserkasteninhalt	m^3	5
indizierte Leistung	PS_i	650
indizierte Zugkraft	Mp	8,5

▲ **Die GR-Loks 99 4641 und 99 4644 behielten ihre Außenrahmen. 99 4641 stand am 1. September 1967 im Bahnhof Glöwen. Keine zwei Jahre später, am 24. Juli 1969, wurde die Maschine z-gestellt.** *Foto: H. Weber, Archiv D. Endisch*

7.5 Die Baureihe 99.464

Die Kleinbahnen des Kreises Jerichow I (KJ I) betrieben östlich von Magdeburg ein rund 100 km langes Schmalspurnetz (750 mm Spurweite). Auf den zwischen 1896 und 1903 eröffneten Strecken Burg (b Magdeburg)–Magdeburgerforth–Ziesar Ost, Burg Mitte–Lübars–Altengrabow–Magdeburgerforth, Lübars–Loburg und Loburg–Gommern setzten die KJ I zunächst Cn2-Tenderloks ein. Erst Anfang der 1920er-Jahre beschafften die KJ I leistungsstärkere Dn2t-Maschinen von der Firma Orenstein & Koppel. Die beiden 1922 als Lok 11 und Lok 12 in Dienst gestellten Maschinen besaßen einen Blechinnenrahmen und einen genieteten Kessel. 1924 folgte eine weitere baugleiche Lok, die die Betriebs-Nr. 14 erhielt. Ende der 1920er-Jahre mussten die KJ I dringend ihren Fahrzeugbestand aufstocken. Das Unternehmen erwarb daher von der Kleinbahn Landsberg-Rosenberg 1928 zwei gebrauche Dn2-Tenderloks, die in ihren wichtigsten Parametern mit den anderen drei Vierkupplern weitgehend übereinstimmten. Die als Lok 15 und Lok 16 bezeichneten Neuzugänge besaßen jedoch einen Außenrahmen. Dies galt ebenfalls für die 1929 von der Kleinbahn Landsberg-Rosenberg übernommene Lok 17. Die sechs Vierkuppler trugen nun die Hauptlast des Personen und Güterverkehrs auf den Strecken der KJ I. Diese musste jedoch 1942 die Lok 17 an die Heeresfeldbahnen abgegeben. Die verbliebenen fünf Maschinen gelangten 1949 zur DR. Ab 1950 trugen die Außenrahmenloks die Betriebs-Nr. 99 4641 und 99 4644. Die Innenrahmenloks erhielten hingegen die Betriebs-Nr. 99 4642 (ab 1956: 99 4551), 99 4643 und 99 4645.

Ende der 1950er-Jahre stiegen die Unterhaltungskosten für die Baureihe 99.464 deutlich an, da die Kessel und Rahmen der Loks ihre Nutzungsgrenze erreicht hatten. Da die Maschinen jedoch noch für die Zugförderung auf dem Burger Schmalspurnetz dringend benötigt wurden, genehmigte die HvRaw für die Baureihe 99.464 eine GR. Das Raw Görlitz entwickelte daher einen geschweißten Ersatzkessel. Zuerst wurde 99 4641 (06.06.1961–10.10.1963) modernisiert. Ihr folgte 99 4644 (06.06.1961–16.01.1964). Dabei wurden die Loks mit neuen geschweißten Vorratsbehältern und Führerhäusern ausgerüstet, die im oberen Drittel nach innen abgeschrägt waren und den Maschinen ein moderneres Aussehen verliehen. Anschließend erhielten 99 4643 (11.10.1963–22.04.1964) und 99 4645 (01.12.1964–11.03.1965)

▲ 99 4643 und 99 4645 wurden nicht nur mit neuen Kesseln, sondern auch mit neuen Rahmen ausgerüstet. Dabei wurde der Antrieb von der vierten auf die dritte Kuppelachse verlegt. 99 4645 legte am 1. September 1967 in Bärensprung einen kurzen Zwischenhalt ein. *Foto: H. Weber, Archiv D. Endisch*

eine GR, die jedoch deutlich aufwändiger war, da beide Loks zusätzlich noch einen neuen Rahmen benötigten. Die Zeichnungen für die geschweißten Ersatzrahmen lagen bereits am 15. Dezember 1963 vor. In Anlehnung an 99 4641 und 99 4644 wurde dabei der Achsabstand von 865 mm auf 1.100 mm vergrößert und der Antrieb von der vierten auf die dritte Kuppelachse verlegt.

99 4641, 99 4643 und 99 4644 kehrten nach ihrer GR im Raw Görlitz wieder nach Burg zurück, wo sie noch bis zur Einstellung des Personenverkehrs auf den Strecken Burg–Ziesar und Altengrabow–Magdeburgerforth am 25. September 1965 im Einsatz waren. Die 99 4645 setzte die DR hingegen nach der GR zum Lokbahnhof Perleberg des Bw Wittenberge um. Dorthin gelangten bis Ende 1965 auch die anderen drei GR-Loks der Baureihe 99.464. Der Lokbahnhof Perleberg setzte die vier Dn2t-Maschinen auf den Strecken Perleberg–Lindenberg–Kyritz, Pritzwalk–Lindenberg–Glöwen und Rehfeld–Breddin ein. Doch der Einsatz auf dem als »Pollo« bekannten Schmalspurnetz währte nur kurz. Bereits 1969 wurden die erst wenige Jahre alten 99 4641 und 99 4645 abgestellt. 99 4643 und 99 4644 gelangten hingegen zum »Rasenden Roland«, wo sie jedoch kaum eingesetzt wurden. Ab 1971 gehörte nur noch 99 4644 zum Betriebspark. Die Lok stand ab 1977 als Denkmal im Bw Neustrelitz. Seit 1994 ist die Lok Eigentum des »Prignitzer Kleinbahnmuseums Lindenberg e.V.«.

TECHNISCHE DATEN

		99 4641, 4644 (GR)	99 4643, 4645 (GR)
Bauart		D n2t	D n2t
Betriebsgattung		K 44.6	K 44.6
Länge über Puffer	mm	8.000	8.300
Höchstgeschwindigkeit v/r	km/h	30/30	30/30
Zylinderdurchmesser	mm	340	330
Kolbenhub	mm	350	400
Treib- und Kuppelraddurchmesser	mm	800	800
Kesselüberdruck	kp/cm^2	12	12
Rostfläche	m^2	1,14	1,14
Verdampfungsheizfläche	m^2	48,33	48,33
Dienstmasse (2/3 Vorräte)	t	23,7	25,0
Brennstoffvorrat	t	1,1	1,1
Wasserkasteninhalt	m^3	4,0	4,0
indizierte Leistung	PS_i	170	200
indizierte Zugkraft (0,8)	Mp	4,85	6,53

7.6 Die Baureihen 99.450 und 99.470

99 4503 und 99 4701 waren auf dem als »Pollo« bekannten Schmalspurnetz (750 mm Spurweite) in der Brandenburger Prignitz im Einsatz. Die Ostprignitzer Kreisbahn (OPK) und die Westprignitzer Kreisbahn (WPK) nahmen zwischen 1897 und 1908 das rund 100 km lange Streckennetz des »Pollo« in Betrieb. Dazu gehörten die Strecken Perleberg–Lindenberg–Kyritz, Pritzwalk–Lindenberg–Glöwen, Rehfeld–Breddin und Viesecke–Kreuzweg (1948 stillgelegt). OPK und WPK waren bis 1941 eigenständige Unternehmen. Die Betriebsführung auf dem »Pollo« oblag der Prignitzer Eisenbahn (PE) und ab 1918 dem Landesverkehrsamt (LVA) Brandenburg.
Für den Personen- und Güterverkehr auf den Strecken des »Pollo« genügten über Jahre hinweg Tenderloks der Bauarten Bn2t und Cn2t. Die spätere **99 4503** der DR stammte von der WPK, die den Dreikuppler von der SMF beschaffte und am 29. Juli 1900 mit der Betriebs-Nr. 17 und dem Namen »Wittenberge« in Dienst stellte. Die robuste und zugstarke Lok wurde in erster Linie auf der Strecke Perleberg–Hoppenrade eingesetzt. Abgesehen von einem kurzen Gastspiel auf der Strecke Nauen–Senzke–Kriele war die 99 4503 immer auf den Strecken des »Pollo« im Einsatz, wo sie ab Ende der 1950er-Jahre meist als Reserve für die beiden Wismarer-Schienenbusse diente.
Anfang der 1960er-Jahre wies die 99 4503 schließlich erhebliche Verschleißerscheinungen auf. Das Raw Görlitz rüstete die Lok daher 1964 mit neuen Vorratsbehältern und neuen Pufferträgern aus. Ein Jahr später hatte dann der Kessel seine Nutzungsgrenze erreicht. Da der zum Bw Wittenberge gehörende Lokbahnhof Perleberg noch nicht auf die 99 4503 verzichten konnte, beantragte das Raw Görlitz den Bau eines Ersatzkessels. Im Zuge einer GR wurde dann 99 4503 (27.05.–09.09.1965) gründlich instandgesetzt. Nach der Rückkehr in die Prignitz stand der kleine Dreikuppler nur noch selten unter Dampf. Ab dem Frühjahr 1967 diente 99 4503 als Reserve für die Strecke Glöwen–Havelberg. Bis zu ihrer Abstellung Ende 1969 legte die Lok nur rund 32.000 km zurück. 1973 erwarb ein Berliner Lokführer die 99 4503, die heute dem Kleinbahn-Museum Gramzow gehört.
Auch die **99 4701** stammte von der WPK. Zur Ergänzung ihres Fahrzeugparks gaben OPK und WPK bei der Lokfabrik Henschel & Sohn 1913 jeweils eine Cn2-Tender-

▼ **Baureihe 99.450** *Zeichnung: Archiv transpress*

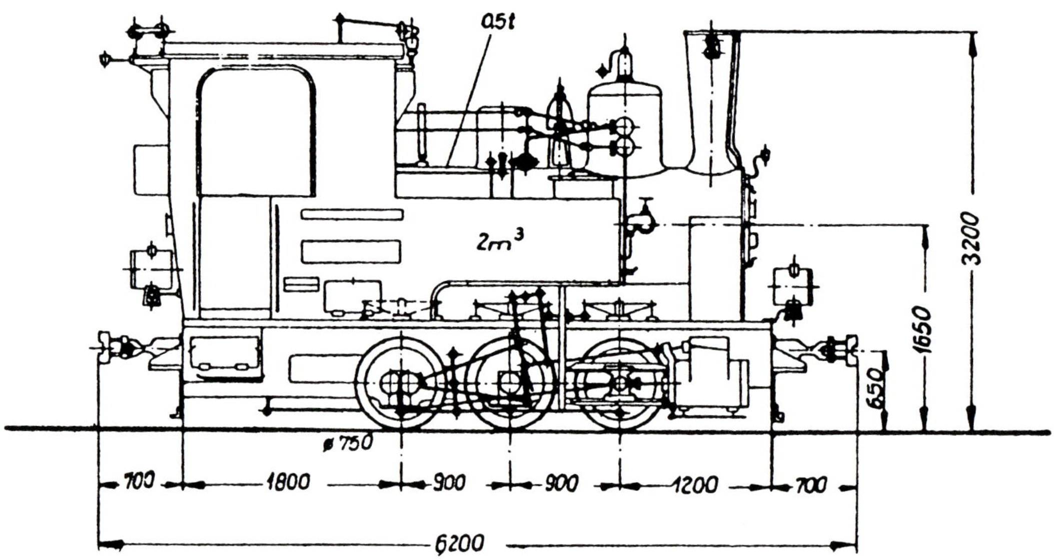

▲ **99 4701 erhielt als erste Schmalspur-Dampflok im Raw Görlitz eine Generalreparatur. Einige Zeichnungen, wie z.B. jene für das Führerhaus, wurden später auch bei der Modernisierung der Baureihen 99.451, 99 464 und 99.480 genutzt.** *Foto: K. Kieper*

maschine in Auftrag, die 1914 als Lok 18 (WPK) und Lok 19 (OPK) abgenommen wurden. Die beiden Maschinen wurden aufgrund ihrer höheren Achsfahrmasse meist nur auf den Strecken Glöwen–Lindenberg und Viesecke–Kreuzweg eingesetzt. Während die Lok 19 von der SMAD 1945 beschlagnahmt wurde, verblieb die Lok 18 beim »Pollo«, wo sie von der DR übernommen wurde. Die Personale schätzten die 99 4701 wegen ihrer Zugkraft. Im Sommer 1960 musste die Maschine wegen eines schweren Kesselschadens abgestellt werden.

Die Schadaufnahme im Raw Görlitz zeigte, dass viele Teile der Lok verschlissen waren. Da der Lokbahnhof Perleberg aber weiterhin Bedarf an der 99 4701 anmeldete, wurde sie im Rahmen einer GR (20.07.–01.11.1960) instandgesetzt. Das Raw Blankenburg übernahm die Aufarbeitung des Kessels, bei dem der Dampfdom, der Langkessel und die Feuerbüchse erneuert wurden. Das Raw Görlitz arbeitete den Rahmen auf, dessen hinterer Teil verlängert wurde, und fertigte für die 99 4701 neue Vorratsbehälter und ein neues Führerhaus an. Dadurch erhielt die 99 4701 ein völlig neues Aussehen. Sie war die erste generalreparierte Schmalspur-Dampflok der DR. Nach ihrer Rückkehr nach Perleberg war sie weiterhin auf den Strecken des »Pollo« im Einsatz. Ab 1966 gehörte die Maschine zum Lokbahnhof Havelberg, wo sie bis zum September 1971 stationiert war. 1976 erwarb ein Geschäftsmann aus der Bundesrepublik die 99 4701, die heute in Rheinland-Pfalz als Denkmal steht.

TECHNISCHE DATEN

		99 4503	99 4701
Bauart		C n2t	C n2t
Betriebsgattung		K 33.5	K 33.7
Länge über Puffer	mm	6.200	6.410
Höchstgeschwindigkeit v/r	km/h	30/30	35/35
Zylinderdurchmesser	mm	250	265
Kolbenhub	mm	380	360
Treib- und Kuppelraddurchmesser	mm	750	800
Kesselüberdruck	kp/cm²	12	12
Rostfläche	m²	0,55	0,71
Verdampfungsheizfläche	m²	31,40	26,38
Dienstmasse (2/3 Vorräte)	t	20,0	18,2
Brennstoffvorrat	t	0,5	0,8
Wasserkasteninhalt	m³	2	1,8
effektive Leistung	PS_e	85	90
indizierte Zugkraft	Mp	2,3	2,28

7.7 Die Baureihe 99.51–60

Die Gelenk-Maschinen der Baureihe 99.51–60 gehören zu den populärsten deutschen Schmalspur-Dampflokomotiven. Ohne das großzügige Modernisierungsprogramm der DR wären gewiss nicht 18 dieser Meyer-Loks bis heute erhalten geblieben.

Die Geschichte der Baureihe 99.51–60 reicht zurück bis in das 19. Jahrhundert. Bereits Ende der 1880er-Jahre benötigten die Königlich Sächsischen Staatseisenbahn (K.Sächs.Sts.E.) für ihr ständig wachsendes 750 mm-Schmalspurnetz eine leistungsfähige Type, die Kurven mit Radien von bis zu 40 m anstandslos durchfahren konnte. Die Ingenieure der SMF entwickelten daher eine Nassdampf-Verbundmaschine mit zwei beweglichen zweiachsigen Drehgestellen der Bauart Meyer. Die K.Sächs.Sts.E. stellten bereits Anfang 1892 die ersten Exemplare der neuen Gattung MTK (ab 1896: IV K) in Dienst. Die Gelenkloks erfüllten von Anfang an die in sie gesetzten Erwartungen, so dass die K.Sächs. Sts.E. bis 1921 insgesamt 96 Maschinen in Dienst stellte. Von keiner anderen Schmalspur-Type beschaffte eine Bahnverwaltung in Deutschland mehr Exemplare. Die IV K bestimmte nun auf vielen sächsischen Schmalspurbahnen über Jahrzehnte hinweg das Bild in der Zugförderung. Innerhalb der einzelnen Baulose gab es jedoch nur wenige Änderungen. Lediglich der Kesseldruck und die Zylinderabmessungen wurden angehoben. Die IV K erwies sich trotz ihres komplizierten Verbund-Triebwerkes und der beiden Drehgestelle als eine robuste und zuverlässige Gattung. Die DRG zeichnete im Herbst 1925 noch 91 Loks der Gattung IV K zur Baureihe 99.51–60 um.

Erst Ende der 1920er-Jahre verloren die Meyer-Loks an Bedeutung. Die deutlich größeren Maschinen der Baureihen 99.64–71 (siehe S. 110 f.) und 99.73–76 (siehe S. 112 f.) verdrängten die IV K von einigen Strecken, so dass die DRG den Bestand der IV K verkleinern konnte. Als Stammstrecken verblieben der Baureihe 99.51–60 die Schmalspurbahnen des Mügelner Netzes sowie die Strecken Wilkau-Haßlau–Carlsfeld, Grünstädtel–Oberrittersgrün, Wolkenstein–Jöhstadt, Mulda–Sayda, Mo-

▲ Die im Herbst 1962 generalreparierte 99 576 erhielt nur einen neuen Kessel. Der alte Rahmen – erkennbar an den Nietverbindungen – konnte noch weiter verwendet werden. Am 24. April 1968 zog die Maschine einen Personenzug durch die Prignitz bei Gumtow. *Foto: H. Weber, Archiv D. Endisch*

▲ **99 1564-6 (ex 99 564) war die erste IV K, die im Herbst 1967 im Raw Görlitz einen neuen Rahmen erhielt. Dank dieser umfassenden Modernisierung ist die Maschine bis heute betriebsfähig.** *Foto: D. Endisch*

sel–Ortmannsdorf, Hetzdorf–Eppendorf–Großwaltersdorf und Goßdorf-Kohlmühle–Hohnstein.

Die sowjetische Besatzungsmacht riss weitere Lücken in den Bestand, da sie einige Meyer-Loks in den Jahren 1945/46 als Reparationsleistung beschlagnahmte. Der DR in der SBZ standen ab 1948 nur noch 57 Exemplare der Baureihe 99.51–60 zur Verfügung. An deren Einsatzgebieten änderte sich bis Anfang der 1950er-Jahre kaum etwas.

Ab 1952 stockte die DR mit der IV K auch die Fahrzeugbestände des »Pollo« und des »Rasenden Rolands« auf. Der Lokbahnhof Perleberg erhielt zwischen 1952 und 1954 die Meyer-Loks 99 557, 99 576 und 99 593. Das Bw Putbus übernahm hingegen in den 1950er-Jahren u.a. 99 545, 99 552, 99 553, 99 556, 99 567, 99 570, 99 587 und 99 595. Für den Einsatz auf den Strecken des »Rasenden Rolands« wurden die Loks mit einer Druckluftbremse der Bauart Knorr ausgerüstet. Die beiden Hauptluftbehälter auf dem Langkessel und die Luftpumpe auf der Heizerseite gaben den kleinen Loks ein eigenwilliges Aussehen.

Bereits Mitte der 1950er-Jahre verschlechterte sich der technische Zustand der Baureihe 99.51–60 erheblich. Die Rbd Dresden forderte daher im Oktober 1954 die Beschaffung einer leichten 1´D1´h2-Tenderlok. Davon benötigte allein die Rbd Dresden als Ersatz für die IV K 49 Exemplare. Das bereits erörterte Projekt einer Neubau-Dampflok der Bauart 1´D 1´h2 für 750 mm Spurweite wurde aber 1956 zugunsten der geplanten Schmalspur-Diesellok V 36 K (siehe S. 104) aufgegeben. Nach dem Abbruch der Probefahrten mit der V 36 K im Sommer 1961 bestand dringender Handlungsbedarf, denn die Schadanfälligkeit der Baureihe 99.51–60 nahm immer weiter zu.

Das Raw Görlitz sprach sich vor diesem Hintergrund für eine GR der IV K aus. Deren Kernstück war der Einbau eines geschweißten Ersatzkessels. Die HvM und die Hv-

Raw stimmten dem Vorhaben zu, so dass das Raw Görlitz bereits im Frühsommer 1961 die Entwicklung des neuen Dampferzeugers beim Raw Halberstadt in Auftrag geben konnte. Der Ersatzkessel entsprach in seinen Abmessungen im Wesentlichen dem Kessel des letzten Bauloses der IV K. Bereits am 13. November 1961 nahm die Technische Überwachung der DR die Zeichnungen für den neuen Kessel ab. Das Raw Görlitz gab daraufhin am 14. März 1962 zwölf Ersatzkessel (Stückpreis 22.968 Mark) in Auftrag. Nur wenige Monate später wurden 99 553 (23.11.1961–20.09.1962) und 99 555 (01.06.1962–14.11.1962) als erste Meyer-Loks mit Ersatzkesseln ausgerüstet. Dabei erhielten die Loks außerdem neue Führerhäuser und Vorratsbehälter.

Noch vor der Fertigstellung der ersten beiden GR-IV K zeigte sich, dass bei einigen Loks der Baureihe 99.51–60 auch die Brückenrahmen und Drehgestelle vollständig verschlissen waren. Das Raw Görlitz schlug daher bereits am 1. August 1961 den Bau neuer Drehgestelle vor. Die DR stimmte dem Vorhaben zu. Die Entwicklung der geschweißten Drehgestelle erledigten die Ingenieure des Raw Görlitz nach ihrer eigentlichen Arbeitszeit. Da der Einbau neuer Drehgestelle und Brückenrahmen den Arbeitsumfang der GR sprengte, schuf die HvRaw für diese Form der Modernisierung den Begriff »Großteilerneuerung«.

99 564 war die erste IV K, die im Zuge einer Großteilerneuerung (11.09.1962–17.12.1962) instandgesetzt wurde. Lediglich die Lokschilder, einige Armaturen sowie Teile der Steuerung und der Bremse wurde bei dem Neuaufbau der 99 564 noch verwendet. Die großteilerneuerten Maschinen waren damit eigentlich Neubauten, die mit bis zu 110.000 Mark zu Buche schlugen.

Nach der Fertigstellung der ersten zwölf IV K gab das Raw Görlitz am 18. Februar 1963 weitere 16 Ersatzkessel in Auftrag. Damit konnten bis Ende 1965 insgesamt acht GR-IV K und 18 großteilerneuerte Maschinen der Baureihe 99.51–60 fertiggestellt werden. Doch damit war der Bedarf noch nicht gedeckt. 1967 arbeitete das Raw Görlitz noch einmal vier Meyer-Loks als Großteilerneuerung auf.

▲ Bis 1993 setzte die Deutsche Reichsbahn die ehemalige sächsische IV K im Plandienst ein. 099 713-0 (ex 99 608) war am 12. Oktober 1992 mit einem Güterzug bei Oschatz Süd unterwegs. *Foto: D. Endisch*

▲ **Der geschweißte Ersatzkessel der 99 561 wartete im September 1999 in Mügeln auf eine Hauptuntersuchung.** *Foto: D. Endisch*

Damit hatten 30 der noch vorhandenen 57 Exemplare der Baureihe 99.51–60 eine Verjüngungskur erhalten.
Die modernisierten Meyer-Loks wurden gemeinsam mit den Altbau-Loks auf den Schmalspurbahnen in Sachsen, in der Prignitz und auf Rügen eingesetzt. Ab 1974 setzte die DR nur noch die großteilerneuerten Gelenk-Maschinen ein. Mit der Stilllegung zahlreicher Schmalspurbahnen ab Ende der 1960er-Jahre schrumpfte das Betätigungsfeld der Baureihe 99.51–60 erheblich. Ab 1977 waren die »Preßnitztalbahn« (Strecke Wolkenstein–Jöhstadt) und der »Wilde Robert« (Strecke Oschatz–Mügeln–Kemmlitz) die letzten Refugien der IV K. Ab 1986 setzte nur noch die Est Mügeln täglich vier Meyer-Loks ein.
Bei der Einführung des einheitlichen Nummernschemas der Bundes- und Reichsbahn am 1. Januar 1992 wurden noch 13 Exemplare der Baureihe 99.51–60 zu 099 701 bis 099 713 umgezeichnet. Erst nach der Jahrtausendwende gab die Deutsche Bahn AG die letzten drei IV K ab. Insgesamt 18 modernisierte Meyer-Loks werden heute als Museumsstücke betreut.

TECHNISCHE DATEN

		GR
Bauart		B´B´n4vt
Betriebsgattung		K 44.7[1]
Länge über Puffer	mm	9.000
Höchstgeschwindigkeit v/r	km/h	30/30
Zylinderdurchmesser	mm	240/400
Kolbenhub	mm	380
Treib- und Kuppelraddurchmesser	mm	760
Kesselüberdruck	kp/cm²	15
Rostfläche	m²	0,97
Verdampfungsheizfläche	m²	49,87
Dienstmasse (2/3 Vorräte)	t	29,3
Brennstoffvorrat	t	1,2
Wasserkasteninhalt	m³	2,4
indizierte Leistung	PS_e	220
indizierte Zugkraft	Mp	4,5

Anmerkung:

1 ab 99 586: K 44.8

7.8 Die Baureihe 99.451

99 4511 ist Deutschlands jüngste Schmalspur-Dampflok und wäre heute ohne die Großteilerneuerung im Raw Görlitz sicherlich längst verschrottet. Die Kreisbahn Rathenow-Senzke-Nauen (RSN) erwarb 1899 für ihr 52,8 km langes Streckennetz drei C1´n2-Tendermaschinen von der Lokomotivfabrik Krauss & Co. Die Maschinen erhielten die Betriebs-Nr. 1 bis 3 und wickelten über Jahrzehnte den Personen- und Güterverkehr auf der RSN ab. Die RSN betrieb ab 1946 nur noch das 25,9 km lange Streckenstück Nauen–Senzke–Kriele. Als die DR die RSN übernahm, erhielt die Lok Nr. 3 die neue Betriebs-Nr. 99 4511. Nach der Einstellung des Reiseverkehrs auf der ehemaligen RSN setzte die DR die 99 4511 am 1. Juni 1961 zum Bw Putbus um. Das Bw Putbus wies die C1´n2-Tenderlok der Einsatzstelle (Est) Altenkirchen zu. Von dort aus pendelte die Maschine mit Personen- und Güterzügen auf der Strecke nach Fährhof. Mit dem Ablauf ihrer Untersuchungsfristen wurde 99 4511 im Frühjahr 1965 abgestellt. Eine erneute Instandsetzung war im Rahmen der üblichen Hauptuntersuchung jedoch nicht mehr möglich, da der Kessel nicht mehr aufgearbeitet werden konnte. Die HvM befürwortete daher bereits am 21. Mai 1965 eine Großteilerneuerung für die 99 4511. Wenig später begann die Konstruktionsabteilung des Raw Görlitz mit den notwendigen Vorarbeiten. Aus der alten C1´n2-Maschine wurde nun eine völlig neue Cn2-Tenderlok. Für die Großteilerneuerung (30.04.1965–31.03.1966) der 99 4511 entwickelte das Raw Görlitz einen neuen Kessel und neue Zylinder. Die Zeichnungen für Rahmen, Führerhaus und Vorratsbehälter wurden von der 99 4701 (siehe S. 116 f.) übernommen. Aufgrund des enormen Aufwandes nahm die Modernisierung der 99 4511 einige Monate

▲ **Die Großteilerneuerung der 99 4511 war de facto ein Neubau. Von der alten 99 4511 wurden nur die Lokschilder und einige Kleinteile verwendet. Am 24. April 1968 stand die erst zwei Jahre alte Maschine im Bahnhof Kyritz.** *Foto: H. Weber, Archiv D. Endisch*

▲ **Die IG Preßnitztalbahn e.V. erwarb 1998 die 99 4511 und arbeitete sie bis Mai 2002 wieder betriebsfähig auf. Am 27. Juli 2002 stand die Maschine im Bahnhof Schmalzgrube.** *Foto: D. Endisch*

in Anspruch. Am 3. März 1966 verließ die neue 99 4511 schließlich das Raw Görlitz.
Doch das Bw Putbus hatte für die rund 134.000 Mark teure Maschine keine Verwendung, da die Achsfahrmasse der 99 4511 für den Oberbau der Strecke Fährhof–Altenkirchen nun zu hoch war. Aus diesem Grund wurde die Maschine am 4. Januar 1967 dem Lokbahnhof Perleberg des Bw Wittenberge zugewiesen. Meist bespannte die 99 4511 nun von Kyritz aus Personen- und Güterzüge auf den Strecken des »Pollo«. Die Maschine war bei den Personalen beliebt, denn sie galt als robust, leistungsstark und wartungsfreundlich. Am 1. Juni 1969 beförderte sie den offiziellen Abschiedszug auf der Strecke Kyritz–Lindenberg. Nach der Stilllegung der Prignitzer Schmalspurbahnen bespannte die 99 4511 noch bis Juni 1970 Abbauzüge auf dem »Pollo«. Anschließend wurde sie als Reserve zum Lokbahnhof Havelberg umgesetzt. Nach der Stilllegung der Strecke Glöwen–Havelberg am 25. September 1971 rostete die Lok im Bahnhof Glöwen vor sich hin. Der 1974 beantragten Verschrottung entging die technikgeschichtlich interessante Maschine nur durch einen glücklichen Zufall. 1977 erwarb der Holiday-Park in Haßloch die 99 4511 als Schaustück. Nach kurzer Zeit wurde die Lok jedoch nicht mehr der Öffentlichkeit gezeigt und geriet so fast in Vergessenheit. Der Interessengemeinschaft (IG) Preßnitztalbahn e.V. gelang es 1998, die Lok zu kaufen. Die IG transportierte die Maschine nach Jöhstadt und arbeitete sie zunächst äußerlich auf. Im September 2000 begann die betriebsfähige Aufarbeitung der 99 4511. Seit ihrer Indienststellung am 18. Mai 2002 ist Deutschlands jüngste Schmalspur-Dampflok wieder regelmäßig vor Museumszügen im Einsatz.

TECHNISCHE DATEN

Bauart		C n2t
Betriebsgattung		K 33.5
Länge über Puffer	mm	6.045
Höchstgeschwindigkeit v/r	km/h	25/25
Zylinderdurchmesser	mm	250
Kolbenhub	mm	330
Treib- und Kuppelraddurchmesser	mm	780
Kesselüberdruck	kp/cm^2	14
Rostfläche	m^2	0,71
Verdampfungsheizfläche	m^2	25,1
Dienstmasse (2/3 Vorräte)	t	18,1
Brennstoffvorrat	t	0,75
Wasserkasteninhalt	m^3	1,8
effektive Leistung	PS_e	80
indizierte Zugkraft	Mp	2,2

8. RÜCKGRAT DER MUSEUMSBAHNEN: DDR-DAMPFLOKOMOTIVEN HEUTE

Auch nach Abschluss des Traktionswechsels am 29. Oktober 1988 konnte die Deutsche Reichsbahn (DR) in der DDR noch nicht auf ihre Dampfloks verzichten. Vielerorts wurden die Regelspur-Maschinen nach wie vor als Wärmespender benötigt. Um jedoch die Instandhaltungskosten zu verringern, erarbeitete das Reichsbahnausbesserungswerk (Raw) Meiningen in Zusammenarbeit mit der Hauptverwaltung der Maschinenwirtschaft (HvM) eine »Aufarbeitungsrichtlinie für Heizlokomotiven«, die am 21. September 1988 in Kraft trat. Dadurch konnte der Arbeitsaufwand von 3.600 auf 900 Stunden je Hauptuntersuchung reduziert werden. Die fortan im Raw Meiningen instandgesetzten Maschinen wurden als »nicht fahrfähige Heizloks« (NHL) bezeichnet. Zuvor hatte das Raw Meiningen im Frühjahr 1988 einige Loks zu Dampfspendern (Dsp) umgebaut, für die allerdings nur wenige Bahnbetriebswerke Verwendung hatten. Meist mussten die Loks mit eigener Kraft zwischen der Heimatdienststelle und dem Einsatzort bzw. den Lokbehandlungsanlagen bewegt werden. Aus diesem Grund wurden jetzt nur noch Kessel und Tender aufgearbeitet. Alle nicht mehr benötigten Teile, u.a. Mischvorwärmer, Verbund-Mischpumpen, Sandfallrohre und Windleitbleche, wurden demontiert und bei der Rücküberführung in das Heimat-Bw lose auf dem Tender mitgegeben. Anstelle des stillgelegten Mischvorwärmers erhielten zu NHL umgebaute Maschinen eine zweite Strahlpumpe. Bei den Dampfspendern wurden außerdem noch die Steuerung, die Stangen und teilweise die Zylinder entfernt. Dabei war der Übergang zwischen NHL und Dampfspender fließend.

Neben diesen Heiz-Provisorien hielten einige Bahnbetriebswerke noch vollbetriebsfähige Dampfloks vor. Diese so genannten »heimlichen« Traditionsmaschinen wurden zwar offiziell auch als Heizloks deklariert, doch engagierte Eisenbahner in den Heimatdienststellen und den Direktionen sorgten dafür, dass *ihre* Loks weiterhin streckendiensttauglich blieben. Zu den »Historischen Fahrzeugen«, wie die DR ihre Museumsloks bezeichnete, gehörten nur wenige ausgewählte Neubau- und Reko-Dampfloks. Die 1983 überarbeitete »Ordnung für Eisenbahn-Museumsfahrzeuge« des Ministeriums für Verkehrswesen (MfV) sah zum langfristigen Erhalt lediglich 01 531, 03 1010, 18 201, 23 1113, 41 185, 58 3047, 65 1049 und 99 247 vor. 1989 erhielten noch 50 3708 und 52 4900 den Status eines »Historischen Fahrzeugs«.

Dank der Wende und der deutschen Wiedervereinigung blieben zahllose DR-Dampfloks bis heute erhalten. Aufgrund der neuen Umweltschutz-Bestimmungen musste die DR bis 1992 nahezu alle ihre Heizloks abstellen. Die nun nicht mehr benötigten Dampfloks verkaufte die DR ab 1991 an Eisenbahnvereine und Privatleute im In- und Ausland. Die meisten Maschinen verblieben in Deutschland. Einige fanden aber auch in Belgien, Frankreich und den Niederlanden eine neue Heimat. Den größten Teil der erhalten gebliebenen DR-Dampfloks machen die Baureihen 50.35 und 52.80 mit rund 70 bzw. über 100 Exemplaren aus. Allerdings sind nur die wenigsten von ihnen betriebsfähig.

Völlig anders sieht es bei den Schmalspur-Dampfloks aus. Auf den Schmalspurbahnen zwischen Ostsee und Erzgebirge setzte die DR auch nach der deutschen Wiedervereinigung Dampfloks in der Zugförderung ein. Allerdings war der Dampfbetrieb sehr kosten- und personalintensiv, so dass die DR ab 1993 damit begann, die Strecken und ihre Fahrzeuge an kommunale Betreiber abzugeben. Diese setzen noch immer Maschinen der Baureihen 99.23–24, 99.73–76 und 99.77–79 täglich im Plandienst ein.

▶ Die Eisenbahner der Est Staßfurt arrangierten am 29. Juni 1991 im benachbarten Güterbahnhof eine Parade der letzten fünf Reko-41er der DR. Alle Maschinen sind bis heute erhalten geblieben. *Foto: D. Endisch*

Abkürzungen

Hersteller

BMAG	Berliner Maschinenbau-AG, vormals Louis Schwartzkopff
Borsig	August Borsig, Berlin-Tegel; ab 1931: Borsig Lokomotivwerke GmbH, Hennigsdorf-Osthavelland
DWM Posen	Deutsche Waffen- und Munitionsfabrik Posen
Esslingen	Maschinenfabrik Esslingen, Esslingen am Neckar
Floridsdorf	Wiener Lokomotivfabrik AG, Wien-Floridsdorf
Franco-Belge	Lokomotivfabrik La Croye, Franco-Belge
Grafenstaden	Elsässische Maschinenbau Gesellschaft Grafenstaden
Hanomag	Hannoversche Maschinenbau-AG, vormals Georg Eggestorff, Hannover-Linden
Hartmann	Sächsische Maschinenfabrik AG, vormals Richard Hartmann, Chemnitz
Henschel	Henschel & Sohn AG, Kassel; später: Henschel & Sohn GmbH
Jung	Lokomotivfabrik Arnold Jung, Jungenthal bei Kirchen (Sieg)
Krauss	Lokomotivfabrik Krauss & Co., München-Sendling
Krauss-Maffei	Krauss-Maffei AG, München Allach
Krenau	Oberschlesische Lokomotivwerke AG, Kattowitz, Werk Krenau (ex Lokomotivfabrik Chranzow)
Krupp	Friedrich Krupp AG, Abteilung Lokomotivbau, Essen
LHW	Linke-Hofmann Werke, Breslau
LKM	VEB Lokomotivbau »Karl Marx« Babelsberg
Maffei	J. A. Maffei Lokomotivfabrik, München
MBA	Maschinenbau- und Bahnbedarfs-AG (ex O & K)
O & K	Orenstein & Koppel, Drewitz und Nowawes (bei Potsdam); ab 1938: MBA
Schichau	Ferdinand Schichau Maschinen- und Lokomotivfabrik, Elbing
Skoda	Skoda-Werke, Pilsen
Vulcan	Vulcan, Stettiner Maschinenbau AG

Besitzer

AkO	Arbeitskreis Ostertalbahn St. Wende e.V.
BEM	Bayerisches Eisenbahn-Museum e.V.
BSW	Bahn-Sozialwerk
CFTPV	Chemin de Fer Touristique Pontartlier–Vallorbe (Frankreich)
DB AG	Deutsche Bahn AG
DBK	DBK-Historische Bahn e. V.
DDM	Deutsches Dampflokomotiv-Museum
DEB	Dampfeisenbahn Weserbergland e.V.
DGEG	Deutsche Gesellschaft für Eisenbahn-Geschichte
DLM	Dampflokomotiv- und Maschinenfabrik AG Winterthur
DLW	Dampflokwerk Meiningen
DLFS	Dampflokfreunde Salzwedel e.V.
DRWI	Dampfbahn Rur-Wurm-Inde e.V.
EBG	Eisenbahn-Betriebs-GmbH Altenbeken
EF	Eisenbahnfreunde
EFST	Eisenbahnfreunde Traditions-Bahnbetriebswerk Staßfurt e.V.
EFZ	Eisenbahnfreunde Zollernbahn e.V.
EMBB	Eisenbahnmuseum Bayerischer Bahnhof e.V., Leipzig-Plagwitz
FME	Fränkische Museums-Bahn e.V.
GES	Gesellschaft zur Erhaltung von Schienenfahrzeugen e.V.
HEF	Historische Eisenbahn Frankfurt e.V.
HSB	Harzer Schmalspurbahnen GmbH
IG	Interessengemeinschaft
LDC	Lausitzer Dampflok-Club e.V.
MBB	Mecklenburgische Bäderbahn Molli GmbH
NTB	Nassauische Touristik-Bahn e.V. (Strecke Wiesbaden–Kettenbach)
ÖGEG	Österreichische Gesellschaft für Eisenbahn-Geschichte
OSE	Ostsächsische Eisenbahnfreunde Bautzen e.V.
RüBB	Rügensche Bäderbahn GmbH
SDG	Sächsische Dampfbahn GmbH
SEM	Sächsisches Eisenbahn-Museum Chemnitz-Hilbersdorf e.V.
SOEG	Sächsisch-Oberlausitzer Eisenbahn-Gesellschaft mbH
STAR	Stichting Rail Stadskanal (Niederlande)
ThEV	Thüringer Eisenbahn-Verein Weimar e.V.
TRO	Traditionsbahn Radebeul e.V.
VSE	Verein Sächsischer Eisenbahnfreunde e.V.
VSSB	Verein zur Förderung Sächsischer Schmalspurbahnen e.V.
VSM	Veluwsche Stoomtrain Maatschappij (Niederlande)

Erhaltene DR-Dampflokomotiven (Stand 31.10.2009)

Baureihe 01.5

Lok	Hersteller	Baujahr	Fabrik-Nr.	Zustand	Besitzer / Standort	Bemerkungen
01 509	Krupp	1935	1.426[1]	in Aufarbeitung	Press-Bahn GmbH	Reko aus 01 143
01 514	Krupp	1937	1.612[2]	Ausstellungsstück	HEF / Technik-Museum Speyer	Reko aus 01 208
01 519	Henschel	1936	22.929[3]	nicht betriebsfähig	EFZ / Rottweil	Reko aus 01 186
01 531	Henschel	1935	22.706[4]	nicht betriebsfähig	DB AG / Arnstadt	Reko aus 01 158
01 533	Krupp	1934	1.413[5]	betriebsfähig	ÖGEG / Ampflwang	Reko aus 01 116

Baureihe 03(Umbau)

Lok	Hersteller	Baujahr	Fabrik-Nr.	Zustand	Besitzer / Standort	Bemerkungen
03 204	Borsig	1935	14.577	betriebsfähig	LDC / Cottbus	mit Mischvorwärmer

Baureihe 03(Reko)

Lok	Hersteller	Baujahr	Fabrik-Nr.	Zustand	Besitzer / Standort	Bemerkungen
03 002	Borsig	1930	12.252	Ausstellungsstück	EBG / Eisenbahnmuseum Prora	mit Stromlinienverkleidung versehen und als »03 193« ausgestellt
03 098	Borsig	1933	14.449	Ausstellungsstück	Technik-Museum Speyer	
03 155	Borsig	1934	14.475	nicht betriebsfähig	EF »Flügelrad« e.V. / Dieringhausen	
03 243	Borsig	1936	14.622	Dampfspender	privat / in Meiningen abgestellt	
03 295	Borsig	1937	14.692	betriebsfähig	BEM / Nördlingen	

Baureihe 03.10

Lok	Hersteller	Baujahr	Fabrik-Nr.	Zustand	Besitzer / Standort	Bemerkungen
03 1010	Borsig	1940	14.921	in Aufarbeitung	DB AG / Halle (Saale)	mit Oberflächenvorwärmer
03 1090	Krauss-Maffei	1940	15.842	Ausstellungsstück	DB AG / Schwerin	Ölhauptfeuerung

Schnellfahrlok 18 201

Lok	Hersteller	Baujahr	Fabrik-Nr.	Zustand	Besitzer / Standort	Bemerkungen
18 201	Henschel	1939	23.515	betriebsfähig	Dampf-Plus GmbH / Nossen	Umbau aus 61 002; schnellste betriebsfähige Dampflok der Welt

Baureihe 18.3

Lok	Hersteller	Baujahr	Fabrik-Nr.	Zustand	Besitzer / Standort	Bemerkungen
18 314	Maffei	1919	5.089	Ausstellungsstück	Auto+Technik Museum Sinsheim	

Baureihe 22

Lok	Hersteller	Baujahr	Fabrik-Nr.	Zustand	Besitzer / Standort	Bemerkungen
22 029	LHW	1924	2.925	Dampfspender	privat / ?	Reko aus 39 197; Umbau zum Dampfspender 1975 (Nr. 9)
22 047	LHW	1924	2.910	Dampfspender	privat / Falkenberg	Reko aus 39 172; Umbau zum Dampfspender 1967 (Nr. 12)
22 064	Henschel	1924	20.216	in Aufarbeitung	BEM / Nördlingen	Reko aus 39 165; Umbau zum Dampfspender 1968 (Nr. 20); Lok wird komplettiert
22 066	Borsig	1923	11.636	Dampfspender	privat / Hermeskeil	Reko aus 39 033; Umbau zum Dampfspender 1968 (Nr. 27)

▲ **01 1531-1 ist eine der bekanntesten deutschen Museums-Dampfloks. Zwischen 1984 und 2000 bespannte sie deutschlandweit zahllose Sonderzüge und war auf vielen Lokausstellungen zu sehen. Wenige Monate vor dem Ablauf ihrer Untersuchungsfristen (Mai 2000) war die Lok mit einem kurzen Sonderzug bei Saalfeld-Remschütz unterwegs.** *Foto: D. Endisch*

22 073	Henschel	1924	20.183	Dampfspender	privat / Falkenberg	Reko aus 39 132; Umbau zum Dampfspender 1968 (Nr. 5)
22 075	Borsig	1922	11.023	Dampfspender	privat / ?	Reko aus 39 007; Umbau zum Dampfspender 1968 (Nr. 16)
Baureihe 23.10						
Lok	Hersteller	Baujahr	Fabrik-Nr.	Zustand	Besitzer / Standort	Bemerkungen
23 1019	LKM	1958	123.019	betriebsfähig	LDC / Cottbus	
23 1021	LKM	1958	123.021	Ausstellungsstück	EBG / Eisenbahnmuseum Prora	
23 1028	LKM	1958	123.028	Ersatzteilspender	privat	
23 1097	LKM	1959	123.097	betriebsfähig	privat / Glauchau	
23 1113	LKM	1959	123.113	Ausstellungsstück	DB AG / Nossen	
Baureihe 41						
Lok	Hersteller	Baujahr	Fabrik-Nr.	Zustand	Besitzer / Standort	Bemerkungen
41 025	Henschel	1938	24.327	nicht betriebsfähig	privat / Hermeskeil	
41 122	BMAG	1939	11.061	Ersatzteilspender	? / Meiningen	
41 125	BMAG	1939	11.064	Dampfspender	privat / Falkenberg	
41 137	Schichau	1939	3.343	nicht betriebsfähig	privat / Hermeskeil	
41 144	Schichau	1939	3.350	betriebsfähig	IG Werrabahn e.V. / Eisenach	
41 150	Schichau	1939	3.356	betriebsfähig	BEM / Nördlingen	
41 185	O & K	1939	13.177	nicht betriebsfähig	DB AG / Halle (Saale)	

41 225	Henschel	1940	24.792	Ausstellungsstück	SEM Chemnitz-Hilbersdorf	
41 231	Borsig	1939	14.812	nicht betriebsfähig	EFST / Staßfurt	
41 289	Schichau	1939	3.377	Dampfspender	privat / Falkenberg	
41 303	Jung	1939	8.692	Dampfspender	Verein »Hei Na Ganzlin« Röbel (Müritz)	

Baureihe 44Öl

Lok	Hersteller	Baujahr	Fabrik-Nr.	Zustand	Besitzer / Standort	Bemerkungen
44 1093	Florisdorf	1942	9.449	nicht betriebsfähig	DB AG / Arnstadt	Ölhauptfeuerung

Baureihe 50.35

Lok	Hersteller	Baujahr	Fabrik-Nr.	Zustand	Besitzer / Standort	Bemerkungen
50 3501	Borsig	1940	14.970	betriebsfähig	DB AG / DLW Meiningen	Reko aus 50 380; Oberflächenvorwärmer und große Windleitbleche
50 3506	Krupp	1940	2.364	nicht betriebsfähig	ÖGEG / Ampflwang	Reko aus 50 903
50 3517	MBA	1941	13.548	Ausstellungsstück	privat / Falkenberg	Reko aus 50 1286
50 3518	Schichau	1941	3.433	Dampfspender	privat / Falkenberg	Reko aus 50 1008
50 3519	Henschel	1940	24.976	nicht betriebsfähig	ÖGEG / Ampflwang	Reko aus 50 342
50 3520	BMAG	1942	11.633	betriebsfähig	VSM / Beekbergen (Niederlande)	Reko aus 50 1339
50 3521	Henschel	1940	24.968	Denkmal	privat / Meyenburg	Reko aus 50 334
50 3522	Borsig	1941	15.083	Dampfspender	Röbel (Müritz)	Reko aus 50 1368
50 3523	Krupp	1941	2.546	nicht betriebsfähig	Selb-Rehau	Reko aus 50 1706
50 3527	Henschel	1941	26.281	Ausstellungsstück	Pommerania e.V. / Pasewalk	Reko aus 50 1471
50 3536	BMAG	1941	11.560	Dampfspender	privat / Helbra	Reko aus 50 1071
50 3539	Henschel	1942	26.604	in Aufarbeitung	privat / Würzburg	Reko aus 50 2273
50 3540	DWM Posen	1942	400[6]	Dampfspender	privat / Tuttlingen	Reko aus 50 2226
50 3545	Esslingen	1941	4.460	nicht betriebsfähig	DBK / Crailsheim	Reko aus 50 1385
50 3552	BMAG	1942	11.630	betriebsfähig	Museumsbahn Hanau e.V.	Reko aus 50 1336
50 3553	Krauss-Maffei	1939	15.754	nicht betriebsfähig	privat / Hermeskeil	Reko aus 50 235
50 3554	BMAG	1941	11.614	Dampfspender	privat / Tuttlingen	Reko aus 50 1320
50 3555	Floridsdorf	1942	9.582	nicht betriebsfähig	privat / Hermeskeil	Reko aus 50 2995
50 3556	Henschel	1941	26.299	nicht betriebsfähig	ESFT / Staßfurt	Reko aus 50 1489
50 3557	Krauss-Maffei	1941	16.251	Dampfspender	privat / Falkenberg	Reko aus 50 2376
50 3559	Henschel	1941	26.296[7]	Denkmal	privat / Erftstadt-Liblar	Reko aus 50 1486
50 3562	Schichau	1941	3.483	Denkmal	Kirchweyhe	Reko aus 50 1782
50 3564	Floridsdorf	1940	3.317	betriebsfähig	VSM / Beekbergen (Niederlande)	Reko aus 50 307
50 3565	Henschel	1942	26.643	Dampfspender	Oberhausen	Reko aus 50 2312; nur noch Rahmen und Kessel vorhanden
50 3568	Krupp	1941	2.568	Dampfspender	privat / Falkenberg	Reko aus 50 1728; teilweise verschrottet
50 3570	Henschel	1942	26.639	in Aufarbeitung	DLFS / Salzwedel	Reko aus 50 2308
50 3576	Skoda	1940	1.185	betriebsfähig	NTB / Wiesbaden	Reko aus 50 1106

▲ **Mehr als 70 Maschinen der Baureihe 50.35 blieben bis heute erhalten. Die nicht betriebsfähige 50 3624 wird vom Verein »Dampflokfreunde Salzwedel e.V.« betreut.**
Foto: D. Endisch

50 3580	Krauss-Maffei	1939	15.764	abgestellt	EFZ / Rottweil	Reko aus 50 245; Oberflächenvorwärmer und große Windleitbleche
50 3581	BMAG	1942	11.953[8]	Ersatzteilspender	?	Reko aus 50 2897; 1992 zerlegt
50 3599	DWM Posen	1942	433[9]	Denkmal	Wismar	Reko aus 50 2259; nur Rauchkammer und Rahmenteil erhalten
50 3600	Henschel	1941	25.859	Ausstellungsstück	BEM / Nördlingen	Reko aus 50 775
50 3603	Krupp	1942	2.657	Dampfspender	privat / Tuttlingen	Reko aus 50 2492
50 3604	Krupp	1940	2.173	Dampfspender	privat / Tuttlingen	Reko aus 50 398
50 3606	BMAG	1942	11.887	Ausstellungsstück	Magdeburger EF e.V. / Staßfurt	Reko aus 50 2637
50 3610	Schichau	1941	3.469	betriebsfähig	Wedler & Franz GbR / Nossen	Reko aus 50 1768
50 3616	Schichau	1941	3.415	betriebsfähig	VSE / Schwarzenberg	Reko aus 50 453
50 3618	Skoda	1942	1.349	Ersatzteilspender	VSM / Beekbergen (Niederlande)	Reko aus 50 2937
50 3624	DWM Posen	1942	402	Ausstellungsstück	DLFS / Salzwedel	Reko aus 50 2228
50 3626	Krauss-Maffei	1942	16.260[10]	Ausstellungsstück	ThEV / Weimar	Reko aus 50 2385
50 3628	Esslingen	1942	4.489	Ausstellungsstück	SEM Chemnitz-Hilbersdorf	Reko aus 50 2678
50 3631	Borsig	1940	14.891	Dampfspender	privat / Falkenberg	Reko aus 50 160
50 3635	Henschel	1941	26.303	Dampfspender	privat / Falkenberg	Reko aus 50 1493
50 3636	MBA	1941	13.535	betriebsfähig	GES / Kornwestheim	Reko aus 50 996

50 3638	Henschel	1941	26.247	in Aufarbeitung	Röbel (Müritz)	Reko aus 50 1437
50 3642	BMAG	1941	11.600	Dampfspender	privat / Falkenberg	Reko aus 50 1306
50 3645	DWM Posen	1942	419	Dampfspender	STAR / Stadskanal (Niederlande)	Reko aus 50 2245
50 3648	Krupp	1941	2.332	in Aufarbeitung	SEM Chemnitz-Hilbersdorf	Reko aus 50 967
50 3649	BMAG	1942	11.932	nicht betriebsfähig	privat / Hermeskeil	Reko aus 50 2876
50 3652	Henschel	1940	25.974[11]	Dampfspender	privat / Falkenberg	Reko aus 50 575
50 3654	MBA	1942	13.780[12]	betriebsfähig	VSM / Beekbergen (Niederlande)	Reko aus 50 3154
50 3655	Borsig	1942	15.214	betriebsfähig	Lengerich	Reko aus 50 2220
50 3657	BMAG	1941	11.583	Dampfspender	privat / Tuttlingen	Reko aus 50 1094
50 3658	Krupp	1940	2.362	Denkmal	Golfpark Wattenheim	Reko aus 50 901
50 3661	Floridsdorf	1941	9.158[13]	abgestellt	CFTPV / Pontartlier (Frankreich)	Reko aus 50 1224
50 3662	Floridsdorf	1941	9.183	nicht betriebsfähig	privat / Hermeskeil	Reko aus 50 1249
50 3666	Franco-Belge	1943	2.567	in Aufarbeitung	VSM / Beekbergen (Niederlande)	Reko aus 50 2145; Ölhauptfeuerung (als »50 0073-5« bezeichnet)
50 3670	Skoda	1941	1.199	in Aufarbeitung	privat	Reko aus 50 1120
50 3673	Borsig	1941	15.062	betriebsfähig	privat / Haltingen	Reko aus 50 1347
50 3680	Henschel	1940	24.716	Ausstellungsstück	EF »Flügelrad« e.V. / Dieringhausen	Reko aus 50 096
50 3681	Henschel	1940	24.730	Ausstellungsstück	VSM / Beekbergen (Niederlande)	Reko aus 50 110
50 3682	Krauss-Maffei	1939	15.774	betriebsfähig	DLFS / Salzwedel	Reko aus 50 255; Fristablauf am 10.07.2010
50 3684	Borsig	1940	14.939	nicht betriebsfähig	Lappwald-Bahn / Oebisfelde	Reko aus 50 490
50 3685	Krauss-Maffei	1940	16.037	Ausstellungsstück	DLFS / Salzwedel	Reko aus 50 828
50 3688	Skoda	1941	1.175[14]	abgestellt	DB AG / Arnstadt	Reko aus 50 1096
50 3689	Henschel	1940	25.766	nicht betriebsfähig	ÖGEG / Ampflwang	Reko aus 50 547
50 3690	Henschel	1941	26.275	nicht betriebsfähig	DDM Neuenmarkt-Wirsberg	Reko aus 50 1465
50 3691	Floridsdorf	1941	9.139	nicht betriebsfähig	privat / Falkenberg	Reko aus 50 1205
50 3693	Jung	1942	9.984	Dampfspender	privat / Falkenberg	Reko aus 50 1614
50 3694	Krupp	1940	2.180	nicht betriebsfähig	Neumünster	Reko aus 50 405
50 3695	BMAG	1940/41	11.555	abgestellt	EFST / Staßfurt	Reko aus 50 1066
50 3696	Krupp	1939	2.059	abgestellt	Marienbourg (Belgien)	Reko aus 50 193
50 3700	Krupp	1939	2.083	nicht betriebsfähig	privat / Staßfurt	Reko aus 50 217
50 3703	Krauss-Maffei	1941	16.087	Ausstellungsstück	EBG / Eisenbahnmuseum Prora	Reko aus 50 877
50 3705	MBA	1941	13.542	nicht betriebsfähig	privat / Treysa	Reko aus 50 1280
50 3707	Henschel	1940	25.843	Dampfspender	Naturpark Berlin-Schöneberg	Reko aus 50 624
50 3708	BMAG	1941	11.603[15]	betriebsfähig	IG 50 3708-0 e.V. / Blankenburg	Reko aus 50 1309

Baureihe 50Öl

Lok	Hersteller	Baujahr	Fabrik-Nr.	Zustand	Besitzer / Standort	Bemerkungen
50 0072	Krauss-Maffei	1939	15.832	betriebsfähig	BEM / Nördlingen	Reko aus 50 481, Umbau Ölhauptfeuerung aus 50 3502

aureihe 50.40

ok	Hersteller	Baujahr	Fabrik-Nr.	Zustand	Besitzer / Standort	Bemerkungen
0 4073	LKM	1960	124.073	in Aufarbeitung	BEM / Nördlingen	als Ausstellungsstück vorgesehen

aureihe 52Kst

ok	Hersteller	Baujahr	Fabrik-Nr.	Zustand	Besitzer / Standort	Bemerkungen
2 4900	MBA	1943	13.970	Ausstellungsstück	DB AG / Halle (Saale)	EDV-Nr.: 52 9900-6

aureihe 52.80

ok	Hersteller	Baujahr	Fabrik-Nr.	Zustand	Besitzer / Standort	Bemerkungen
2 8001	Schichau	1944	4.124[16]	nicht betriebsfähig	privat / Oebisfelde	Reko aus 52 671
2 8003	BMAG	1943	12.810[17]	Dampfspender	ÖGEG / Ampfwang	Reko aus 52 6357
2 8006	Henschel	1944	27.822	nicht betriebsfähig	privat / Hermeskeil	Reko aus 52 2644
2 8008	Floridsdorf	1944	16.953	Dampfspender	privat / Falkenberg	Reko aus 52 7605
2 8009	Grafenstaden	1943	7.872	Dampfspender	privat / Falkenberg	Reko aus 52 1605
2 8010	Florisdorf	1943	16.625	nicht betriebsfähig	VSM / Beekbergen (Niederlande)	Reko aus 52 7172
2 8012	MBA	1944	14.014	nicht betriebsfähig	Wutachtalbahn	Reko aus 52 4944
2 8013	Esslingen	1944	4.827	Dampfspender	privat / Falkenberg	Reko aus 52 3734
2 8015	Krauss-Maffei	1943	16.590	Denkmal	privat / Lehrte	Reko aus 52 3464
2 8017	Krauss-Maffei	1944	14.170	Denkmal	HVLE / Kirchmöser West	Reko aus 52 2916
2 8019	Grafenstaden	1944	7.978	Dampfspender	privat / Tuttlingen	Reko aus 52 1711
2 8020	Schichau	1943	?[18]	Dampfspender	privat / Tuttlingen	Reko aus 52 627
2 8021	Skoda	1943	1.510[19]	Dampfspender	privat / Falkenberg	Reko aus 52 6684
2 8023	Henschel	1944	27.884	Dampfspender	privat / Falkenberg	Reko aus 52 2706
52 8028	BMAG	1944	13.130	nicht betriebsfähig	privat / Belzig	Reko aus 52 563 (?)
52 8029	MBA	1944	14.103	nicht betriebsfähig	Wedler & Franz GbR / Nossen	Reko aus 52 5018
52 8030	MBA	1944	14.091	Dampfspender	privat / Falkenberg	Reko aus 52 5012
52 8034	Floridsdorf	1944	16.931	Denkmal	Simbach	Reko aus 52 7583
52 8035	Schichau	1943	4.052	Dampfspender	privat / Falkenberg	Reko aus 52 5761
52 8036	Grafenstaden	1943	7.884	Dampfspender	privat / Falkenberg	Reko aus 52 1617
52 8037	Henschel	1944	27.905	nicht betriebsfähig	privat / Falkenberg	Reko aus 52 712
52 8038	Krenau	1943	1.289	betriebsfähig	DEB / Rinteln	Reko aus 52 5274
52 8039	Henschel	1944	27.952	in Aufarbeitung	AkO / Schwarzerden	Reko aus 52 2720
52 8041	Krenau	1943	1.252[20]	Ausstellungsstück	BSW-Gruppe Lu. Wittenberg	Reko aus 52 5243
52 8042	Floridsdorf	1943	16.575	Dampfspender	privat / Falkenberg	Reko aus 52 7122
52 8043	Borsig	1942	15.455	Dampfspender	privat / Tuttlingen	Reko aus 52 358
52 8044	Krauss-Maffei	1943	16.581	Dampfspender	privat / Falkenberg	Reko aus 52 3453
52 8047	BMAG	1944	12.812[21]	betriebsfähig	BSW-Gruppe Nossen	Reko aus 52 6359
52 8051	Floridsdorf	1943	16.232	Dampfspender	privat / Tuttlingen	Reko aus 52 6779
52 8053	Henschel	1943	27.719	betriebsfähig	VSM / Beekbergen (Niederlande)	Reko aus 52 2551

52 8055	Grafenstaden	1943	7.916	betriebsfähig	DLM AG / Räterschen (Schweiz)	Reko aus 52 1649; modernisiert und mit Ölhauptfeuerung ausgerüstet
52 8056	Floridsdorf	1943	16.231[22]	Denkmal	Bautzen	Reko aus 52 6778
52 8057	Floridsdorf	1943	16.701	Dampfspender	privat / Tuttlingen	Reko aus 52 7248
52 8058	Floridsdorf	1944	17.065[23]	Ausstellungsstück	privat / Falkenberg	Reko aus 52 7717
52 8060	Jung	1943	11.204	nicht betriebsfähig	STAR / Stadskanal (Niederlande)	Reko aus 52 3193
52 8062	Henschel	1943	27.635[24]	Denkmal	privat / Treuenbrietzen	Reko aus 52 5118
52 8064	BMAG	1943	12.452	nicht betriebsfähig	privat / Mönchengladbach	Reko aus 52 6011
52 8068	Jung	1944	11.322	Ausstellungsstück	SEM Chemnitz-Hilbersdorf	Reko aus 52 3311
52 8069	Henschel	1943	27.050	Dampfspender	privat / Schwarzenberg	Reko aus 52 2199
52 8070	Jung	1943	11.234	Dampfspender	privat / Peitz	Reko aus 52 3223
52 8072	Henschel	1943	27.555	Dampfspender	privat / Falkenberg	Reko aus 52 2387
52 8075	DWM Posen	1944	733	betriebsfähig	IG Werrabahn Eisenach	Reko aus 52 1292
52 8077	Esslingen	1943	4.640	nicht betriebsfähig	DBK / Crailsheim	Reko aus 52 1454
52 8079	Schichau	1943	3.937[25]	betriebsfähig	Dampf-Plus GmbH / Nossen	Reko aus 52 5659
52 8080	MBA	1944	14.094	betriebsfähig	OSE / Löbau	Reko aus 52 5015
52 8082	Krenau	1943	1.199	nicht betriebsfähig	STAR / Stadskanal (Niederlande)	Reko aus 52 5190
52 8083	MBA	1944	14.076	nicht betriebsfähig	EBG / Hameln	Reko aus 52 3699
52 8085	DWM Posen	1944	829[26]	Dampfspender	privat / Falkenberg	Reko aus 52 4512
52 8086	Henschel	1943	27.463	Denkmal	Dahlhausen (Wupper)	Reko aus 52 2295
52 8087	Henschel	1943	27.623	nicht betriebsfähig	Schwaben-Dampf Neuoffingen	Reko aus 52 2455
52 8089	Henschel	1944	27.827	Dampfspender	privat / Falkenberg	Reko aus 52 2649
52 8090	MBA	1944	14.362	Dampfspender	privat / Hermeskeil	Reko aus 52 7778
52 8091	Floridsdorf	1043	16.676[27]	Denkmal	VSM / Beekbergen (Niederlande)	Reko aus 52 7223
52 8092	Grafenstaden	1943	7.871	Dampfspender	privat / Falkenberg	Reko aus 52 1604
52 8095	BMAG	1943	12.547	nicht betriebsfähig	EF »Flügelrad« e.V. / Dieringhausen	Reko aus 52 6106; ohne Mischvorwärmer
52 8096	Henschel	1943	27.480	nicht betriebsfähig	ÖGEG / Ampflwang	Reko aus 52 2312
52 8098	Krauss-Maffei	1943	16.546	nicht betriebsfähig	Eisenbahn-Museum Heilbronn	Reko aus 52 3420
52 8100	DWM Posen	1943	559[28]	Dampfspender	privat / Falkenberg	Reko aus 52 1145
52 8102	Floridsdorf	1944	16.898	Dampfspender	privat / Falkenberg	Reko aus 52 7550
52 8104	Schichau	1943	3.882	Dampfspender	privat / Falkenberg	Reko aus 52 5584
52 8106	BMAG	1943	12.600	betriebsfähig	EF Schwalm-Knüll e.V. / Treysa	Reko aus 52 6159
52 8109	Henschel	1944	27.240	Ausstellungsstück	ThEV / Weimar	Reko aus 52 2883
52 8111	BMAG	1943	12.433	Dampfspender	privat / Tuttlingen	Reko aus 52 5992
52 8113	DWM Posen	1943	573[29]	nicht betriebsfähig	privat / Hermeskeil	Reko aus 52 1159
52 8115	Krauss-Maffei	1943	16.705	Denkmal	Hoyerswerda	Reko aus 52 3568
52 8116	Krauss-Maffei	1943	16.480[30]	nicht betriebsfähig	EF Osnabrück	Reko aus 52 3354
52 8117	Floridsdorf	1943	16.674	Ausstellungsstück	privat / Falkenberg	Reko aus 52 7221

▲ Vor dem Lokschuppen des Eisenbahn-Museums Schwarzenberg (Erzgebirge) standen am 4. Mai 2008 die beiden Reko-G 12 58 3049-2 und 58 3047-6. Während die 58 3049-2 vom VSE in Schwarzenberg betreut wird, ist die 58 3047-6 Eigentum der DB AG und im ehemaligen Bw Glauchau zu Hause. *Foto: D. Endisch*

52 8118	Henschel	1943	27.031	nicht betriebsfähig	privat / Brandenburg Hafen	Reko aus 52 2180
52 8120	Henschel	1944	27.830	nicht betriebsfähig	privat / Hermeskeil	Reko aus 52 2652
52 8122	BMAG	1944	12.943	Dampfspender	privat / Falkenberg	Reko aus 52 6390
52 8123	Grafenstaden	1943	7.890	nicht betriebsfähig	Bergbau-Museum Knappenrode	Reko aus 52 1633
52 8124	Henschel	1943	27.669	Dampfspender	ÖGEG / Ampflwang	Reko aus 52 2501
52 8125	BMAG	1943	12.743	Dampfspender	privat / Tuttlingen	Reko aus 52 6300
52 8126	Borsig	1942	15.459	Dampfspender	privat / Falkenberg	Reko aus 52 362
52 8129	DWM Posen	1944	777	nicht betriebsfähig	privat / Brandenburg Hafen	Reko aus 52 1325
52 8130	DWM Posen	1943	557	Dampfspender	privat / Tuttlingen	Reko aus 52 1143
52 8131	Jung	1943	11.229	in Aufarbeitung	Wedler & Franz GbR / Nossen	Reko aus 52 3218
52 8132	MBA	1944	14.373	Dampfspender	privat / Falkenberg	Reko aus 52 7789
52 8133	Esslingen	1943	4.729[31]	Dampfspender	privat / Falkenberg	Reko aus 52 7793
52 8134	Floridsdorf	1943	16.591	betriebsfähig	EF Betzdorf e.V. / Siegen	Reko aus 52 7138
52 8135	Borsig	1943	15.571	Denkmal	Berlin-Wildau	Reko aus 52 474
52 8137	Schichau	1944	4.100[32]	Dampfspender	EFST / Staßfurt	Reko aus 52 5803

52 8138	Floridsdorf	1943	16.766	Dampfspender	privat / Tuttlingen	Reko aus 52 7313
52 8139	Jung	1943	11.220	betriebsfähig	VSM / Beekbergen (Niederlande)	Reko aus 52 3209
52 8141	Krenau	1944	1.336	nicht betriebsfähig	OSE / Löbau	Reko aus 52 5315
52 8142	MBA	1943	13.977	Denkmal	Cottbus	Reko aus 52 4907
52 8147	Henschel	1944	27.826	Ersatzteilspender	AkO / Schwarzerden	Reko aus 52 2648
52 8148	BMAG	1943	13.114	in Aufarbeitung	DRWI / Düren	Reko aus 52 547
52 8149	Krenau	1944	1.395	Ausstellungsstück	SEM Chemnitz-Hilbersdorf	Reko aus 52 3839; mit Giesl-Flachejektor
52 8150	Floridsdorf	1943	16.695	Ersatzteilspender	VSM / Beekbergen (Niederlande)	Reko aus 52 7242
52 8152	BMAG	1943	12.523	nicht betriebsfähig	privat / Brandenburg Hafen	Reko aus 52 6082
52 8154	MBA	1943	13.966[33]	betriebsfähig	EMBB / Leipzig-Plagwitz	Reko aus 52 4896
52 8156	Schichau	1943	3.956[34]	Denkmal	Belzig	Reko aus 52 5678 (?)
52 8157	Floridsdorf	1943	16.282	Dampfspender	privat / Falkenberg	Reko aus 52 6829
52 8160	BMAG	1943	13.099	betriebsfähig	VSM / Beekbergen (Niederlande)	Reko aus 52 532; ohne Mischvorwärmer und mit alter Betriebs-Nr.
52 8161	Schichau	1943	3.797[35]	nicht betriebsfähig	privat / Staßfurt	Reko aus 52 5519
52 8163	BMAG	1943	12.437	nicht betriebsfähig	CFTPV / Pontartlier (Frankreich)	Reko aus 52 5996
52 8168	Krauss-Maffei	1943	16.711	betriebsfähig	BEM / Nördlingen	Reko aus 52 3574
52 8169	DWM	1944	676	Dampfspender	privat / Tuttlingen	Reko aus 52 1248
52 8170	Jung	1944	11.265	Ausstellungsstück	privat / Falkenberg	Reko aus 52 3254
52 8171	Esslingen	1943	4.738[36]	nicht betriebsfähig	privat / Gotha	Reko aus 52 1514
52 8173	Floridsdorf	1944	17.082[37]	nicht betriebsfähig	Berlin-Schönweide	Reko aus 52 7734
52 8174	Henschel	1943	27.621	nicht betriebsfähig	privat / Falkenberg	Reko aus 52 2453
52 8175	Jung	1943	11.223	Dampfspender	privat / Falkenberg	Reko aus 52 3211
52 8176	Esslingen	1944	4.838	Dampfspender	privat / Tuttlingen	Reko aus 52 3871
52 8177	MBA	1944	14.057	betriebsfähig	Berlin-Schöneweide	Reko aus 52 4996
52 8183	Henschel	1944	27.834	Ausstellungsstück	VSE / Schwarzenberg	Reko aus 52 2656
52 8184	Flordisdorf	1944	17.266	betriebsfähig	EFST / Staßfurt	Reko aus 52 3722
52 8186	Schichau	1944	4110[38]	nicht betriebsfähig	ÖGEG / Ampflwang	Reko aus 52 632
52 8187	Henschel	1944	27.804	Dampfspender	privat / Falkenberg	Reko aus 52 2626
52 8189	Krenau	1944	1.327	nicht betriebsfähig	EFST / Staßfurt	Reko aus 52 5306
52 8190	Henschel	1945	28.244	Ausstellungsstück	EBG / Eisenbahnmuseum Prora	Reko aus 52 2887
52 8191	Henschel	1944	27.853	Dampfspender	privat / Tuttlingen	Reko aus 52 2675
52 8194	BMAG	1944	13.123	Dampfspender	privat / Falkenberg	Reko aus 52 556
52 8195	MBA	1943	13.971	betriebsfähig	FME / Nürnberg	Reko aus 52 4901
52 8197	Flordisdorf	1944	16.929	nicht betriebsfähig	privat / Hermeskeil	Reko aus 52 7581
52 8198	DWM Posen	1943	640[39]	Dampfspender	privat / Tuttlingen	Reko aus 52 1217
52 8199	Jung	1944	11.263	Denkmal	Bergbaumuseum Oelsnitz	Reko aus 52 3252
52 8200	Borsig	1943	15.564	betriebsfähig	Marienbourg (Belgien)	Reko aus 52 467

Baureihe 58.30						
Lok	Hersteller	Baujahr	Fabrik-Nr.	Zustand	Besitzer / Standort	Bemerkungen
58 3047	Hanomag	1920	9.172	Ausstellungsstück	VSE / Schwarzenberg	Reko aus 58 1955
58 3049	LHW	1920	2.027	nicht betriebsfähig	DB AG / Glauchau	Reko aus 58 1725

Baureihe 65.10						
Lok	Hersteller	Baujahr	Fabrik-Nr.	Zustand	Besitzer / Standort	Bemerkungen
65 1008	LKM	1955	121.006	nicht betriebsfähig	Pommerania e.V. / Pasewalk	ohne Mischvorwärmer
65 1049	LKM	1956	121.049	betriebsfähig	DB AG / Chemnitz-Hilbersdorf	
65 1057	LKM	1957	121.057	nicht betriebsfähig	Berliner EF e.V. / Berlin-Basdorf	

Baureihe 95Öl						
Lok	Hersteller	Baujahr	Fabrik-Nr.	Zustand	Besitzer / Standort	Bemerkungen
95 009	Borsig	1922	11.113	nicht betriebsfähig	EF »Flügelrad« e.V. / Dieringhausen	
95 020	Hanomag	1923	10.186	nicht betriebsfähig	Technik-Museum Speyer	Lok mit falscher Betriebs-Nr. ausgestellt
92 028	Hanomag	1923	10.186	nicht betriebsfähig	DGEG / Bochum-Dahlhausen	

Baureihe 99.23–24						
Lok	Hersteller	Baujahr	Fabrik-Nr.	Zustand	Besitzer / Standort	Bemerkungen
99 231	LKM	1954	134.008	nicht betriebsfähig	HSB / Ilfeld	EDV-Nr.: 99 7231-6
99 232	LKM	1954	134.009	betriebsfähig	HSB / Wernigerode	EDV-Nr.: 99 7232-4; neuer Rahmen 2004
99 233	LKM	1954	134.010	nicht betriebsfähig	HSB / Ilfeld	EDV-Nr.: 99 7233-2
99 234	LKM	1954	134.011	betriebsfähig	HSB / Wernigerode	EDV-Nr.: 99 7234-0; neuer Rahmen 2009
99 235	LKM	1954	134.012	betriebsfähig	HSB / Wernigerode	EDV-Nr.: 99 7235-7
99 236	LKM	1955	134.013	betriebsfähig	HSB / Wernigerode	EDV-Nr.: 99 7236-5; neuer Rahmen 2008
99 237	LKM	1955	134.014	betriebsfähig	HSB / Wernigerode	EDV-Nr.: 99 7237-3
99 238	LKM	1956	134.015	betriebsfähig	HSB / Wernigerode	EDV-Nr.: 99 7238-1
99 239	LKM	1956	134.016	betriebsfähig	HSB / Wernigerode	EDV-Nr.: 99 7239-9; neuer Rahmen 2007
99 240	LKM	1956	134.017	betriebsfähig	HSB / Wernigerode	EDV-Nr.: 99 7240-7; neuer Rahmen 2005
99 241	LKM	1956	134.018	betriebsfähig	HSB / Wernigerode	EDV-Nr.: 99 7241-5; neuer Rahmen 2009
99 242	LKM	1956	134.019	nicht betriebsfähig	HSB / Wernigerode	EDV-Nr.: 99 7242-3
99 243	LKM	1956	134.020	nicht betriebsfähig	HSB / Wernigerode	EDV-Nr.: 99 7243-1
99 244	LKM	1956	134.021	nicht betriebsfähig	HSB / Hasselfelde	EDV-Nr.: 99 7244-9
99 245	LKM	1956	134.022	betriebsfähig	HSB / Wernigerode	EDV-Nr.: 99 7245-6; neuer Rahmen 2006
99 246	LKM	1956	134.027	nicht betriebsfähig	HSB / Benneckenstein	EDV-Nr.: 99 7246-4
99 247	LKM	1956	134.028	nicht betriebsfähig	HSB / Gernrode	EDV-Nr.: 99 7247-2

▲ **Der Verein »Mansfelder Bergwerksbahn e.V.« holte 1996 eine Maschine des Typs »Gr« aus Estland nach Deutschland zurück. Die Maschine wird je nach Wunsch des Bestellers entweder als Lok 20 oder als 99 1401 eingesetzt. Im Mai 2004 war die Lok als 99 1401 auf der Strecke Mesendorf–Vettin in der Prignitz im Einsatz.** *Foto: D. Endisch*

Baureihe 99.33						
Lok	Hersteller	Baujahr	Fabrik-Nr.	Zustand	Besitzer / Standort	Bemerkungen
99 331	LKM	1951	30.011	betriebsfähig	MBB / Kühlungsborn West	EDV-Nr.: 99 2331-9
99 332	LKM	1951	30.013	Denkmal	MBB / Kühlungsborn West	EDV-Nr.: 99 2332-7
Baureihe 99.51–60						
Lok	Hersteller	Baujahr	Fabrik-Nr.	Zustand	Besitzer / Standort	Bemerkungen
99 516	Hartmann	1892	1.779	betriebsfähig	Museumsbahn Schönheide	
99 534	Hartmann	1898	2.275	Denkmal	Stadt Geyer	
99 539	Hartmann	1899	2.381	nicht betriebsfähig	TRO / Radeburg	als »IV K 132« bezeichnet
99 542	Hartmann	1899	3.208	betriebsfähig	IG Preßnitztalbah / Jöhstadt	

99 555	Hartmann	1908	3.208	betriebsfähig	SOEG Zittau	als »IV K 145« bezeichnet
99 561	Hartmann	1909	3.214	nicht betriebsfähig	Döllnitzbahn / Mügeln	
99 562	Hartmann	1909	3.215	Ausstellungsstück	DDM Neuenmarkt-Wirsberg	
99 564	Hartmann	1909	3.217	betriebsfähig	SDG / Radebeul Ost	
99 566	Hartmann	1909	3.220	Ausstellungsstück	SEM Chemnitz-Hilbersdorf	
99 568	Hartmann	1910	3.450	betriebsfähig	IG Preßnitztalbahn /Jöhstadt	
99 574	Hartmann	1912	3.556	betriebsfähig	Döllnitzbahn / Mügeln	Druckluftbremse
99 582	Hartmann	1912	3.593	in Aufarbeitung	Museumsbahn Schönheide	
99 584	Hartmann	1912	3.595	nicht betriebsfähig	Döllnitzbahn / Mügeln	
99 585	Hartmann	1912	3.597	in Aufarbeitung	Museumsbahn Schönheide	
99 586	Hartmann	1913	3.606	betriebsfähig	TRO / Radeburg	als »IV K 176« bezeichnet
99 590	Hartmann	1913	3.670	betriebsfähig	IG Preßnitztalbahn /Jöhstadt	
99 594	Hartmann	1914	3.714	nicht betriebsfähig	privat / Putbus	Druckluftbremse
99 606	Hartmann	1916	3.907	Ausstellungsstück	VSSB / Carlsfeld	
99 608	Hartmann	1921	4.521	nicht betriebsfähig	SDG / Freital-Hainsberg	

Baureihe 99.64–71 (Umbaulok)

Lok	Hersteller	Baujahr	Fabrik-Nr.	Zustand	Besitzer / Standort	Bemerkungen
99 713	Hartmann	1927	4.670	nicht betriebsfähig	SDG / Radeburg	
99 715	Hartmann	1927	4.672	betriebsfähig	privat / Jöhstadt	Leihgabe IG Preßnitztalbahn

Baureihe 99.73–76

Lok	Hersteller	Baujahr	Fabrik-Nr.	Zustand	Besitzer / Standort	Bemerkungen
99 731	Hartmann	1928	4.678	betriebsfähig	SOEG / Zittau	
99 734	Hartmann	1928	4.681	betriebsfähig	SDG / Freital-Hainsberg	
99 735	Hartmann	1929	4.682	betriebsfähig	SOEG / Zittau	Umbau Ölhauptfeuerung 1993; Rückbau Kohlefeuerung 1997
99 741	Hartmann	1929	4.691	nicht betriebsfähig	SDG / Freital-Hainsberg	
99 746	BMAG	1929	9.535	betriebsfähig	SDG / Freital-Hainsberg	
99 747	BMAG	1929	9.535	betriebsfähig	SDG / Radebeul Ost	
99 749	BMAG	1929	9.538	betriebsfähig	SOEG / Zittau	Umbau Ölhauptfeuerung 1993; Rückbau Kohlefeuerung 1999
99 750	BMAG	1929	9.539	Denkmal	SOEG / Großschönau	Umbau Ölhauptfeuerung 1993; am 19.06.2002 als Denkmal aufgestellt
99 757	BMAG	1933	10.148	nicht betriebsfähig	SOEG / Zittau	
99 758	BMAG	1933	10.149	betriebsfähig	SOEG / Zittau	Umbau Ölhauptfeuerung 1992; Rückbau Kohlefeuerung 1997
99 759	BMAG	1933	10.150	Ausstellungsstück	SDG / Rittersgrün	Leihgabe Schmalspurbahn-Museum
99 760	BMAG	1933	10.151	nicht betriebsfähig	SOEG / Zittau	Umbau Ölhauptfeuerung 1992
99 761	BMAG	1933	10.152	betriebsfähig	SDG / Radebeul Ost	
99 762	BMAG	1933	10.153	nicht betriebsfähig	SDG / Freital-Hainsberg	

Baureihe 99.77–79						
Lok	Hersteller	Baujahr	Fabrik-Nr.	Zustand	Besitzer / Standort	Bemerkungen
99 771	LKM	1952	32.010	betriebsfähig	SDG / Freital-Hainsberg	neuer Rahmen und Kessel 1992
99 772	LKM	1952	32.012	betriebsfähig	SDG / Oberwiesenthal	neuer Rahmen und Kessel 1991
99 773	LKM	1952	32.011	betriebsfähig	SDG / Oberwiesenthal	neuer Rahmen und Kessel 1991
99 775	LKM	1953	32.014	in Aufarbeitung	SDG / Radebeul Ost	neuer Rahmen und Kessel 1992
99 776	LKM	1953	32.015	nicht betriebsfähig	SDG / Oberwiesenthal	
99 777	LKM	1953	32.016	in Aufarbeitung	SDG / Radebeul Ost	neuer Rahmen und Kessel 1992
99 778	LKM	1953	32.017	nicht betriebsfähig	SDG / Radebeul Ost	neuer Rahmen und Kessel 1992
99 779	LKM	1953	32.018	nicht betriebsfähig	SDG / Radebeul Ost	neuer Rahmen und Kessel 1991
99 780	LKM	1953	32.019	nicht betriebsfähig	SDG / Freital-Hainsberg	
99 781	LKM	1953	32.022	Ausstellungsstück	IG Preßnitztalbahn /Jöhstadt	
99 782	LKM	1953	32.023	betriebsfähig	RüBB / Putbus	neuer Rahmen und Kessel 1991
99 783	LKM	1953	32.024	betriebsfähig	RüBB / Putbus	
99 784	LKM	1953	32.025	betriebsfähig	RüBB / Putbus	
99 785	LKM	1954	132.024	in Aufarbeitung	SDG / Oberwiesenthal	neuer Rahmen und Kessel 1992
99 786	LKM	1954	132.025	betriebsfähig	SDG / Oberwiesenthal	
99 787	LKM	1956	132.028	betriebsfähig	SOEG / Zittau	neuer Rahmen und Kessel 1993; Umbau Ölhauptfeuerung 1993; Rückbau Kohlefeuerung
99 788	LKM	1956	132.029	betriebsfähig	Ochsenhausen	neuer Rahmen und Kessel 1992
99 789	LKM	1956	132.030	nicht betriebsfähig	SDG / Radebeul Ost	neuer Rahmen und Kessel 1992
99 790	LKM	1956	132.031	Denkmal	SDG / Freital-Hainsberg	
99 791	LKM	1956	132.032	Denkmal	TRO / Radebeul Ost	
99 793	LKM	1956	132.034	nicht betriebsfähig	SDG / Freital-Hainsberg	neuer Rahmen und Kessel 1992
99 794	LKM	1956	132.035	betriebsfähig	SDG / Oberwiesenthal	neuer Rahmen und Kessel 1992

Baureihe 99.140						
Lok	Hersteller	Baujahr	Fabrik-Nr.	Zustand	Besitzer / Standort	Bemerkungen
99 1401[II]	LKM	1951	15.417	in Aufarbeitung	Mansfelder Bergwerksbahn e.V.	1996 aus Estland geholt; Abnahme am 24.05.2000 als Lok 2011

Baureihe 99.450						
Lok	Hersteller	Baujahr	Fabrik-Nr.	Zustand	Besitzer / Standort	Bemerkungen
99 4503	Hartmann	1900	2.622	Ausstellungsstück	Kleinbahnmuseum Gramzow	

Baureihe 99.451						
Lok	Hersteller	Baujahr	Fabrik-Nr.	Zustand	Besitzer / Standort	Bemerkungen
99 4511	Krauss	1899	4.111	betriebsfähig	IG Preßnitztalbahn /Jöhstadt	

Baureihe 99.463						
Lok	Hersteller	Baujahr	Fabrik-Nr.	Zustand	Besitzer / Standort	Bemerkungen
99 4631	Vulcan	1913	2.896	nicht betriebsfähig	privat / Bad Waldsee	
99 4632	Vulcan	1914	2.951	in Aufarbeitung	RüBB / Putbus	als 52Mh im Einsatz
99 4633	Vulcan	1925	3.851	nicht betriebsfähig	RüBB / Putbus	als 53Mh im Einsatz

Baureihe 99.464						
Lok	Hersteller	Baujahr	Fabrik-Nr.	Zustand	Besitzer / Standort	Bemerkungen
99 4644	O & K	1923	10.501	nicht betriebsfähig	Kleinbahnmuseum Lindenberg	

Baureihe 99.470						
Lok	Hersteller	Baujahr	Fabrik-Nr.	Zustand	Besitzer / Standort	Bemerkungen
99 4701	Henschel	1914	13.022	Denkmal	privat / Wöllstein	

Baureihe 99.480						
Lok	Hersteller	Baujahr	Fabrik-Nr.	Zustand	Besitzer / Standort	Bemerkungen
99 4801	Henschel	1938	24.367	betriebsfähig	RüBB / Putbus	
99 4802	Henschel	1938	24.368	betriebsfähig	RüBB / Putbus	

Anmerkungen:

1 laut Betriebsbuch: Raw Meiningen, Nr. 111

2 laut Betriebsbuch: Raw Meiningen, Nr. 116

3 laut Betriebsbuch: Raw Meiningen, Nr. 121

4 laut Betriebsbuch: Raw Meiningen, Nr. 134

5 laut Betriebsbuch: Raw Meiningen, Nr. 136

6 laut Betriebsbuch: Raw Stendal, Nr. 011

7 laut Betriebsbuch: Raw Stendal, Nr. 032

8 laut Betriebsbuch: Raw Stendal, Nr. 030

9 laut Betriebsbuch: 24.973

10 laut Betriebsbuch: Raw Stendal, Nr. 024

11 laut Betriebsbuch: Raw Stendal, Nr. 017

12 laut Betriebsbuch: BMAG 1942/11.271

13 laut Betriebsbuch: Raw Stendal, Nr. 017

14 laut Betriebsbuch: Raw Stendal, Nr. 09

15 laut Betriebsbuch: ab 1969: Fabrik-Nr. 15.784

16 laut Betriebsbuch: Raw Stendal, Nr. 39

17 laut Betriebsbuch: Raw Stendal, Nr. 262

18 laut Betriebsbuch: Raw Stendal, Nr. 117

19 laut Betriebsbuch: Raw Stendal, Nr. 113

20 laut Betriebsbuch: Raw Stendal, Nr. 118

21 laut Betriebsbuch: Raw Stendal, Nr. 132

22 laut Betriebsbuch: Raw Stendal, Nr. 272

23 laut Betriebsbuch: Raw Stendal, Nr. 186

24 laut Betriebsbuch: Raw Stendal, Nr. 210

25 laut Betriebsbuch: Raw Stendal, Nr. 159

26 laut Betriebsbuch: Raw Stendal, Nr. 316

27 laut Betriebsbuch: Raw Stendal, Nr. 51

28 laut Betriebsbuch: Raw Stendal, Nr. 38

29 laut Betriebsbuch: Raw Stendal, Nr. 62

30 laut Betriebsbuch: Raw Stendal, Nr. 297

31 laut Betriebsbuch: Raw Stendal, Nr. 154; später geändert in: Raw Stendal, Nr. 191

32 laut Betriebsbuch: Raw Stendal, Nr. 154

33 laut Betriebsbuch: Raw Stendal, Nr. 279

34 laut Betriebsbuch: Raw Stendal, Nr. 88

35 laut Betriebsbuch: Raw Stendal, Nr. 312

36 laut Betriebsbuch: Raw Stendal, Nr. 107

37 laut Betriebsbuch: Raw Stendal, Nr. 129

38 laut Betriebsbuch: Jung 1944/11.858

39 laut Betriebsbuch: Raw Stendal, Nr. 325

9. ANHANG

ABKÜRZUNGSVERZEICHNIS	
BfN	Büro für Erfinder- und Neuererwesen
Bw	Bahnbetriebswerk
CSD	Tschechoslowakische Staatsbahnen
DR	Deutsche Reichsbahn in der DDR
DRG	Deutsche Reichsbahn-Gesellschaft
DMV	Deutscher Modelleisenbahn-Verband der DDR
Est	Einsatzstelle
FVA	Fahrzeug-Versuchsanstalt Halle (Saale); ab 1. Januar 1960 Versuchs- und Entwicklungsstelle der Maschinenwirtschaft (VES-M)
GD	Generaldirektion
GHE	Gernrode-Harzgeroder Eisenbahn
GR	Generalreparatur
HSB	Harzer Schmalspurbahnen GmbH
HvM	Hauptverwaltung der Maschinenwirtschaft
HvRaw	Hauptverwaltung der Reichsbahnausbesserungswerke
IfS	Institut für Schienenfahrzeuge Berlin-Adlershof
IG	Interessengemeinschaft
KJ I	Kleinbahnen des Kreises Jerichow I
KKL	Kohlenstaub-Kollektiv
K.Sächs.Sts.E.	Königlich Sächsische Staatseisenbahnen
L4	Hauptuntersuchung
LEW	VEB Lokomotivbau-Elektrotechnische Werke (LEW) »Hans Beimler« Hennigsdorf
LKM	VEB Lokomotivbau »Karl Marx« Babelsberg
LOWA	Vereinigung der Lokomotiv- und Waggonbauindustrie
LVA	Lokomotiv-Versuchsamt Grunewald
MfV	Ministerium für Verkehrswesen der DDR
NWE	Nordhausen-Wernigeroder Eisenbahn
OPK	Ostprignitzer Kreisbahn
PCK	VEB Petrol-Chemisches Kombinat Schwedt
PE	Prignitzer Eisenbahn
RAW/Raw	Reichsbahnausbesserungswerk
RBD/Rbd	Reichsbahndirektion
RüKB	Rügensche Kleinbahnen

ABKÜRZUNGSVERZEICHNIS

RSN	Kreisbahn Rathenow-Senzke-Nauen
Sächs.Sts.E.	Sächsische Staatseisenbahnen
SAG	Staatliche Aktiengesellschaft der Buntmetallindustrie Wismut
SED	Sozialistische Einheitspartei Deutschlands
SBZ	sowjetische Besatzungszone
SKL	VEB Schwermaschinenbaukombinat »Karl Liebknecht« Magdeburg
SMAD	Sowjetische Militäradministration in Deutschland
SMF	Sächsische Maschinenfabrik, vormals Richard Hartmann, Chemnitz
SNCF	Französische Staatsbahnen
SPK	Staatliche Plankommission
TA	Technisches Amt der DR
TZA	Technisches Zentralamt
VES-M	Versuchs- und Entwicklungsstelle der Maschinenwirtschaft Halle (Saale)
WPK	Westprignitzer Kreisbahn
ZB	Zentrales Konstruktionsbüro
ZK	Zentralkomitee

Literaturverzeichnis

Allgemeine Darstellungen

- Deutsche Reichsbahn: Merkbuch für Triebfahrzeuge, DV 939 Tr., Ausgabe 1962; Berlin 1962.
- Eckhardt, OB.-Ing. Friedrich W.: Die Konstruktion der Dampflokomotive und ihre Berechnung; Berlin 1952.
- Endisch, Dirk: Neubau-Dampfloks der Deutschen Reichsbahn, Die Baureihen 23.10, 25, 25.10, 50.40, 65.10, 83.10; Stuttgart 2000.
- Endisch, Dirk: So funktioniert die Dampflok; Stuttgart 2003.
- Garn, Robin (Hrsg.): Reichsbahn ohne Reich, Über die Nachkriegsjahre der ostdeutschen Staatsbahn, Band 2 (1955–1971): Der Zukunft zugewandt?; Hamburg 1999.
- Meereis, Wolfgang: Die Neubau- und Rekonstruktionslokomotiven der Deutschen Reichsbahn; Freiburg 1974.
- o.A.: Die sozialistische Rekonstruktion bei der Deutschen Reichsbahn Hauptdienstzweig Maschinenwirtschaft (Heft 19 der Schriftenreihe der politischen Verwaltung der Deutschen Reichsbahn); Berlin 1960.
- Schwarze, Johannes (Ltg.): Die Dampflokomotive, Entwicklung, Aufbau, Wirkungsweise, Bedienung und Instandhaltung sowie Lokomotivschäden und ihre Beseitigung; Berlin 1965.
- Steiner, André: Von Plan zu Plan, Eine Wirtschaftsgeschichte der DDR; München 2004.
- Weisbrod, Manfred; Müller, Hans; Petznick, Wolfgang: Dampflokarchiv 1, Baureihen 01 bis 39; Berlin 1982.
- Weisbrod, Manfred; Müller, Hans; Petznick, Wolfgang: Dampflokarchiv 2, Baureihen 41 bis 59; Berlin 1982.
- Weisbrod, Manfred; Müller, Hans; Petznick, Wolfgang: Dampflokarchiv 3, Baureihen 60 bis 96; Berlin 1982.
- Wiegard, Hans: Reko- und Neubau-Dampfloks der DR, Die Nachkriegskonstruktionen der Reichsbahn; München 2001.

Baureihen-Monographien

- Brozeit, Wolfram; Müller, Hans; Bölke, Günther: Die Lokomotiven der BR 95, Der Lebenslauf der »Bergkönigin«; Berlin 1990.
- Ebel, Jürgen-Ulrich: Sächsische Schnellzuglokomotiven, Band 2 Sachsenstolz – Die Gattung XX HV, Reichsbahnbaureihe 19.0; Freiburg 2000.
- Ebel, Jürgen U.; Seiler Bernd: Die Harzbahnloks – Baureihe 99.22, Dampf-Romantik im Harz (EK-Themen 18); Freiburg 1995.
- Endisch, Dirk: Baureihe 01.5; Stuttgart 2001.
- Endisch, Dirk: Baureihe 03(Reko), Die modernisierten Einheitsloks der DR; Korntal-Münchingen 2003.
- Endisch, Dirk: Baureihe 41, Die deutsche Universal-Dampflok; Korntal-Münchingen 2005.
- Endisch, Dirk: Baureihe 44Öl, Die ölgefeuerten »Jumbos« der Deutschen Reichsbahn; Korntal-Münchingen 2007.
- Endisch, Dirk: Baureihe 50.35; Stuttgart 1999.
- Endisch, Dirk: Baureihe 58.30; Stuttgart 2003.
- Endisch, Dirk: Baureihe 99.480, Die 1´D-Maschinen der Kleinbahnen des Kreises Jerichow I; Korntal-Münchingen 2006.
- Endisch, Dirk: Baureihe 99.77-79; Stuttgart 2001.
- Endisch, Dirk: Generalreparatur und Großteilerneuerung, Die »Reko-Loks« 99.51–60, 99.64–71, 99.73–76, 99.450, 99.451, 99.464 und 99.470; Korntal-Münchingen 2004.
- Frick, Michael: Die Rekonstruktion der G 12, Technik und Geschichte der BR 58.30; Lehre 1987.
- Garn, Robin: Die Baureihe 03.10 der Deutschen Reichsbahn, Geschichte einer eleganten Schnellzug-Lokomotive; Berlin 2005.
- Heinrich, Rainer; Schnabel Heinz: Die Baureihe 22, Die Geschichte der »Reko-P 10«; Freiburg 2001.
- Reimer, Michael: Baureihe 58; Stuttgart 2002.
- Reimer, Michael; Endisch, Dirk: Baureihe 52.80, Die rekonstruierte Kriegslokomotive; München 2001.
- Walluhn, Ulrich: Baureihe 03.10; Stuttgart 2004.
- Walluhn, Ulrich: Baureihe 95; Stuttgart 2002.
- Weisbrod, Manfred; Brozeit, Wolfram: Die Lokomotiven der BR 44, Ihr Weg durch sechs Jahrzehnte; 2., durchgesehene Auflage Düsseldorf 1989.
- Weisbrod, Manfred; Petznick, Wolfgang: Die Baureihe 01; Berlin 1979.
- Weisbrod, Manfred; Obermayer, Horst J.: Baureihe 03, Die »leichte« Schwester der 01; Berlin 1995.

Mit Volldampf voraus

Johannes Schwarze

Die Dampflokomotive

Ein Reprint des Klassikers zur Dampfloktechnik aus dem Jahr 1965. Alles über Dampfloks von A – Z.

964 Seiten, 515 Bilder

ISBN 978-3-344-70791-0 **€ 50,–**

Burkhard Wollny

Geheimsache Reichsbahndampf

Wollny, Mitte der 70er in der DDR mit der Kamera auf Dampflok-Pirsch, dokumentiert seine fotografische Arbeit – und seine Erfahrungen mit der Stasi.

176 Seiten, 142 Bilder

ISBN 978-3-613-71369-7

€ 19,95

Jan Reiners

Deutsche Dampflokomotiven im Bild

Welche Leistung hat welche Baureihe, wann wurde sie zuerst in Dienst gestellt und auf welchen Strecken? Diese und viele andere Fragen beantwortet dieser Titel.

144 Seiten, 124 Bilder, davon 50 in Farbe, 24 Zeichnungen

ISBN 978-3-613-71292-8

€ 19,95

Walter Weikelt/Manfred Teufel

Die Technologie der Ausbesserung der Dampflokomotiven

Der Nachdruck dieses Fachbuches aus dem Jahr 1962 fasst das heute fast vergessene Wissen über die Reparatur und Instandhaltung von Dampflokomotiven zusammen.

244 Seiten, 115 Bilder, 35 Zeichnungen

ISBN 978-3-613-71256-0

€ 19,90

IHR VERLAG FÜR EISENBAHN-BÜCHER

trans press

Postfach 10 37 43 · 70032 Stuttgart
Tel. (07 11) 2 10 80 65 · Fax (07 11) 2 10 80 70
www.paul-pietsch-verlage.de

Stand Januar 2010
Änderungen in Preis und Lieferfähigkeit vorbehalten

Alles über...

Reiner Preuß

Alles über Schmalspurbahnen in Sachsen

Mit gemütlichen 30 km/h schleppen Dampfloks Züge durch die schönsten Landschaften Sachsens. Hier Geschichte und Technik dieser faszinierenden Eisenbahnwelt.

128 Seiten, 230 Bilder, davon 147 in Farbe, 26 Zeichnungen

ISBN 978-3-613-71359-8

€ 14,95

André Papazian

Alles über den TGV

Ein Buch, das der Faszination Schnellbahn Rechnung trägt. Enthalten sind nicht nur Daten zum TGV, sondern auch die Hintergründe zum Bau der Schnellbahntrasse.

128 Seiten, 144 Bilder, davon 134 in Farbe

ISBN 978-3-613-71324-6

€ 14,95

Dieter Eikhoff

Alles über den ICE

Was immer man über den InterCityExpress wissen will, hier steht's. Der Autor beschreibt alle Details, die den deutschen Bruder von Shinkansen und TGV auszeichnen.

128 Seiten, 100 Bilder, davon 92 in Farbe, 7 Zeichnungen

ISBN 978-3-613-71277-5

€ 14,95

Klaus-Jürgen Kühne

Alles über Einheits-Dampfloks

Dieses Buch beschreibt nicht nur alle Baureihen der Einheitsloks, sondern es erläutert auch, warum die Deutsche Reichsbahn ihre Loks in dieser Form entwikkelte und welche Sonderwege bei dieser Entwicklung immer wieder eingeschlagen wurden.

128 Seiten, 100 Bilder

ISBN 978-3-613-71378-9 **€ 14,95**

Klaus-Jürgen Kühne

Alles über Schmalspurbahnen im Harz

Dieses Buch berichtet über Geschichte, Strecken und Fahrzeuge der Schmalspurbahnen im Harz.

128 Seiten, 124 Bilder, davon 91 in Farbe, 7 Zeichnungen

ISBN 978-3-613-71344-4

€ 14,95

IHR VERLAG FÜR EISENBAHN-BÜCHER

Postfach 10 37 43 · 70032 Stuttgart
Tel. (07 11) 2 10 80 65 · Fax (07 11) 2 10 80 70
www.paul-pietsch-verlage.de

trans press

Stand Januar 2010
Änderungen in Preis und Lieferfähigkeit vorbehalten